记
(M/A/R/K)
号

真知 卓思 洞见

深时之美

从宇宙星尘到人类文明，跨越45亿年的地球故事

［美］赖利·布莱克（Riley Black）著

刘小鸥 译　邢立达 审订

北京科学技术出版社

DEEP TIME: A JOURNEY THROUGH 4.5 BILLION YEARS OF OUR PLANET
by
RILEY BLACK
Copyright:©2021 TEXT BY WELBECK NON-FICTION LIMITED
This edition arranged with CARLTON BOOKS, an imprint of Welbeck Publishing Group through
Big Apple Agency, Inc., Labuan, Malaysia.
Simplified Chinese edition copyright: 2022 Beijing Science and Technology Publishing Co., Ltd.
All rights reserved.

著作权合同登记 图字：01-2022-3487

书中地图系原文插附地图

图书在版编目（CIP）数据

深时之美：从宇宙星尘到人类文明，跨越45亿年的
地球故事 /（美）赖利·布莱克（Riley Black）著；刘
小鸥译. — 北京：北京科学技术出版社，2023.6
书名原文：Deep Time: A Journey through 4.5
Billion Years of Our Planet
ISBN 978-7-5714-2467-1

Ⅰ.①深… Ⅱ.①赖…②刘… Ⅲ.①地质学史—普
及读物 Ⅳ.①P5-49

中国版本图书馆CIP数据核字（2022）第123482号

选题策划：记 号	电 话：0086-10-66135495（总编室）	
策划编辑：马春华 闻 静	0086-10-66113227（发行部）	
责任编辑：闻 静	网 址：www.bkydw.cn	
责任校对：贾 荣	印 刷：北京博海升彩色印刷有限公司	
封面设计：何 睦	开 本：787 mm × 1092 mm 1/12	
图文制作：刘永坤	字 数：236千字	
责任印制：张 良	印 张：18.333	
出 版 人：曾庆宇	版 次：2023年6月第1版	
出版发行：北京科学技术出版社	印 次：2023年6月第1次印刷	
社 址：北京西直门南大街16号	审 图 号：GS（2022）4173号	
邮政编码：100035		
ISBN 978-7-5714-2467-1		

定 价：198.00元

出版前言

137.7亿年前，我们的宇宙自大爆炸中诞生；135.2亿年前，第一批恒星与星系点燃聚变，燃烧而生；45.6亿年前，太阳系形成；45.5亿年前，岩石和尘埃聚集形成了一颗年轻的行星，这便是我们的地球。

地壳运动、大气变化、小行星与陨石撞击……自然景观在近46亿年的时间中沧海变桑田；第一批真核细胞诞生、寒武纪生命大爆发、5次生物集群灭绝……面对时而严苛时而宽容的生存条件，生命此消彼长，但生生不息，繁衍至今。

约30万年前才在东非大裂谷出现并演化的"现代人"，是这颗星球最年轻的"住户"。我们无缘亲睹曾生长于这颗星球上的层林叠翠与飞鸟百兽，亦无缘亲历在漫长时光中塑造出今日景象的地质巨变，但生命的演化与地质的变迁却在时间中留下了一道道痕迹，这些痕迹仿佛"时间胶囊"，让我们得以描摹出地球往日的风景。

"深时"（Deep Time）一词通常认为由非虚构写作大师约翰·麦克菲（John McPhee）在1981年出版的《盆地与山脉》（Basin and Range）中首次提出，而其概念则源于英国著名地质学家詹姆斯·赫顿（James Hutton）的"均变论"。"深时"是塑造我们星球地质事件的时间尺度，这一尺度之巨大，甚至挑战了人类的理解极限；"深时"亦是地球那令人叹为观止的漫长历史，若以时间为河，那么人类在这颗岩质行星上存在的岁月，便是沧海一粟。若以"深时"的视角看待世界，我们就会发现，眼下这"人类世"中的一切，均是这颗星球及生存于其上的生命跨越亿万年的馈赠与传承。

《深时之美》以"时间是什么"为始，从宇宙大爆炸讲起，聚焦地球45亿余年的地质历史，讲述从地球形成到人类文明出现的故事，也讲述了时间本身的故事。本书汇集前沿研究成果与近200幅精美图片，以时间为脉络，从古代岩层到"天外来客"，从鲨鱼牙齿化石到水下森林，选取50个关键时间点，描绘出地球诞生与变迁历史中的精彩时刻与重大事件。

我们如今可以看到和触摸到的古代遗迹，成为当下与遥远过去的桥梁，带领我们穿越"时间的深渊"，以"深时"的视野，一窥塑造我们栖居之所的地质事件与曾经存在过的远古生灵。

目　录

深时大事记

137.7亿年前

大爆炸：时间和空间始于一个具有无穷密度的点，这一点被称为"奇点"。

137.7亿年 - 1秒前

退耦：新生宇宙密度的变化让一种几乎没有质量的"幽灵"粒子，也就是中微子，在剩余时间里自由遨游。

137.7亿年 - 37万年

第一次辐射：宇宙变得透明了；这一刻的辐射直到如今仍然能够以宇宙微波背景的形式被观测到。

135.2亿年前

第一批恒星和星系形成：随着气体云在引力作用下坍缩，第一批恒星和星系开始形成，它们点燃聚变，燃烧而生。

45.6亿年前

太阳系形成：一个由气体和尘埃组成的巨大圆盘的中心坍缩形成了我们的恒星，更小的星体也在它周围不断聚集。

45.5亿年前

地球形成：一个由岩石和尘埃组成的球体聚集形成了年轻的行星。

45.1亿年前

月球形成：一颗不大的小行星撞向了新生的地球并分解成一团岩石和尘埃，它们聚集形成了月球。

45亿年前

月球熔岩：月球上的玄武岩流形成了如今可以观测到的最古老的岩石。

44.9亿年前

天降火球：陨石轰击年轻的地球，它们带来了水，并且可能留下了比地球更古老的岩石的痕迹。

44.9亿年前

地球上的炼狱：冥古宙开始，之所以得名如此，是因为在其大部分时间里，地球上的大部分地区都是地狱般的熔岩炼狱。令人难以置信的是，一些化石表明，在冥古宙中期，深海喷口附近可能存在生命。

39亿年前

太古宙的开端：地球上最古老的岩石可以追溯到这一时期；最早的细菌生命也可以追溯到此时，它们留下的结构被称为"叠层石"。此时的大气是甲烷和氨的有毒混合物。

25亿年前

元古宙的开始：地球生物历史上的很多重大事件都发生在这一时期，元古宙一直延续到5.42亿年前。

25亿年前

大氧化事件开始：光合细菌开始制造氧气，开启了一段被称为"大氧化事件"的大气转变过程。

24.5亿年前

雪球地球：氧气与大气中的甲烷反应生成二氧化碳，而当时二氧化碳的温室效应要弱得多。地球陷入了一段长达数亿年的全球冰期。

15亿年前

复杂细胞：内共生催生了线粒体，第一批真核细胞诞生。

7.3亿年前

阿瓦隆尼亚：随着被称为"阿瓦隆尼亚"地体的古代地质构造形成，第一批日后构成英国陆地的岩石形成。

5.75亿年前

奇怪的生物：一段演化的突然繁荣期在澳大利亚伊迪亚卡拉山和其他地方留下了奇怪的化石痕迹。

5.41亿年前

寒武纪生命大爆发：从地质学角度来说，现代多细胞生命的所有分支都是在寒武纪开始前后的"一夜之间"出现的。

4.88亿年前

奥陶纪：这一时期，大部分陆地聚集形成了冈瓦纳古陆，其生态系统以浅海的海洋生态系统为主。第一批硬骨鱼出现，第一批生物开始在陆地上定居。

约4亿年前

爬虫：最早的昆虫在泥盆纪出现。

约3.3亿年前

黑乎乎的东西：石炭纪时期被水淹没的森林和沼泽形成了大量泥炭沉积，它们最终会形成煤。

约2.75亿年前

二叠纪：超级大陆泛大陆囊括了大部分陆地，哺乳动物与爬行动物的杂交生物主宰着陆地生态系统，被称为"合弓纲"。

2.51亿年前

灭绝：有史以来最大规模的灭绝让90%的物种消失了，并为主宰陆地和海洋的新生命形式的出现扫清了障碍。灭绝发生的原因可能是形成西伯利亚暗色岩的巨型火山喷发。

约2亿年前

恐龙时代：恐龙从三叠纪开始就统治着陆地，菊石则在海洋中蓬勃生长。

约1.8亿年前

分裂：美洲大陆从非洲大陆分裂出来，开始了漫长的西行之旅。

约1.75亿年前

侏罗纪公园：侏罗纪时期见证了大量恐龙和第一批鸟类的演化，也见证了北海石油的形成。

约1.25亿年前

盛开的生命：最早的开花植物大约出现在这一时期。

6 600万年前

撞击：一颗巨大的小行星撞击墨西哥海岸，灭绝了恐龙和许多其他生命形式，同时标志着白垩纪和第三纪之间的过渡。

约5 000万年前

堆起来！：印度洋板块与欧亚大陆板块相撞，推起了一座巨大的山脉——喜马拉雅山脉。

约600万年前

祖先：古人类于非洲演化，出现了一些早期物种，比如地猿。

约30万年前

挺直腰杆：解剖学上的现代人在东非大裂谷出现。这些早期人类会使用复杂的工具，可以用火改变当地的生态环境。

约10万年前

走出非洲：解剖学上的现代人陆续离开非洲，最初经东欧和中亚扩散到了亚洲和欧洲南部。

约6万年前

南方大陆：人类到达澳大利亚，尽管到达的确切时间仍有争议。

约1.3万年前

来到美洲：第一批人类从西伯利亚到达美洲，他们可能是顺着海岸的走向，沿着覆盖北方的巨大冰盖的边缘来到这里的。

约10 500年前

新石器时代革命：人类开始驯化动植物，标志着农业的开端。

约1万年前

解冻：末次冰期结束时，冰盖不断退后，退到了最后的藏身之所——南极和格陵兰岛。

8 000年前

海浪之下：古欧洲和英格兰之间的多格兰地区被海啸淹没。

约5 000年前

泥板时代：随着美索不达米亚出现第一批文明，最早的书面记录标志着史前历史的结束与有文字记录历史的开始。

约4 789年前

玛士撒拉树发芽：存活至今的最古老树木在现美国加利福尼亚州的怀特山脉中发芽。

约4 500年前

大金字塔：古埃及法老统治着整个尼罗河流域并建造了巨大的纪念建筑物。与此同时，新石器时代的人类正在英国建造巨石阵。

约4 000年前

最后一头猛犸象：长毛猛犸象可能在西伯利亚的弗兰格尔岛上存活到这一时期。

约3 600年前

大灾难：地中海锡拉岛火山喷发摧毁了这一地区，并"助力"了米诺斯文明的终结。

约3 000年前

铁器时代：古代人掌握了金属加工的技术，并开始用铁制造工具、盔甲和武器。

1 893年前

墙上的另一块砖：英格兰的罗马人建成了哈德良长城。

时间是什么

我们的生命被时间支配着。我们的生命、我们的期许，还有我们对未来的希望都有特定的时间跨度，所有这些都是长达数十亿甚至上百亿年历史的一部分。事实上，时间太像是永恒存在的了，以至于我们很容易把它视为理所当然。但正如我们所知，时间不必像我们以为的这般存在。在我们的深时之旅启程之时，首先值得一问的便是：时间究竟是什么？

你的手表、电脑或者手机可能会给出一些关于时间的肤浅回答，但这些只是我们计时的方式，并不能反映时间本身。从某个角度看，时间是从过去到现在再延伸到未来的一系列事件。变化和差异是时间本身的固有属性，如果没有任何改变，宇宙就真成永恒的了。

接下来，我们也许可以尝试更专业地回答这个问题。时间实际上是一个维度，也就是构成我们宇宙的一个部分，它允许空间中的一个物体在该空间中处于多个位置。回想一下上次你在去某个地方的路上，从街道的一端走到另一端的情景。你在一个螺旋的星系中，在太阳系里一颗围绕太阳运行的行星上，从街道的起点开始，沿着人行道移动到空间中一个完全不同的位置，这就是一种迹象，表明我们生活在一个有时间的宇宙中。

时间之箭

以上内容并不是在说这就是时间的全部。这只是一个起点，一个最起码的起点，它打开了通往其他可能性的大门。时间的一个基本层面是它的方向性。时间并不是一种过去变

▲ 由于时间之箭的存在，我们经常看到杯子被打碎，但从来没有看到过碎片自发地拼成一个杯子

▶ GPS卫星需要考虑地球引力引起的时空扭曲来校准它们的时钟

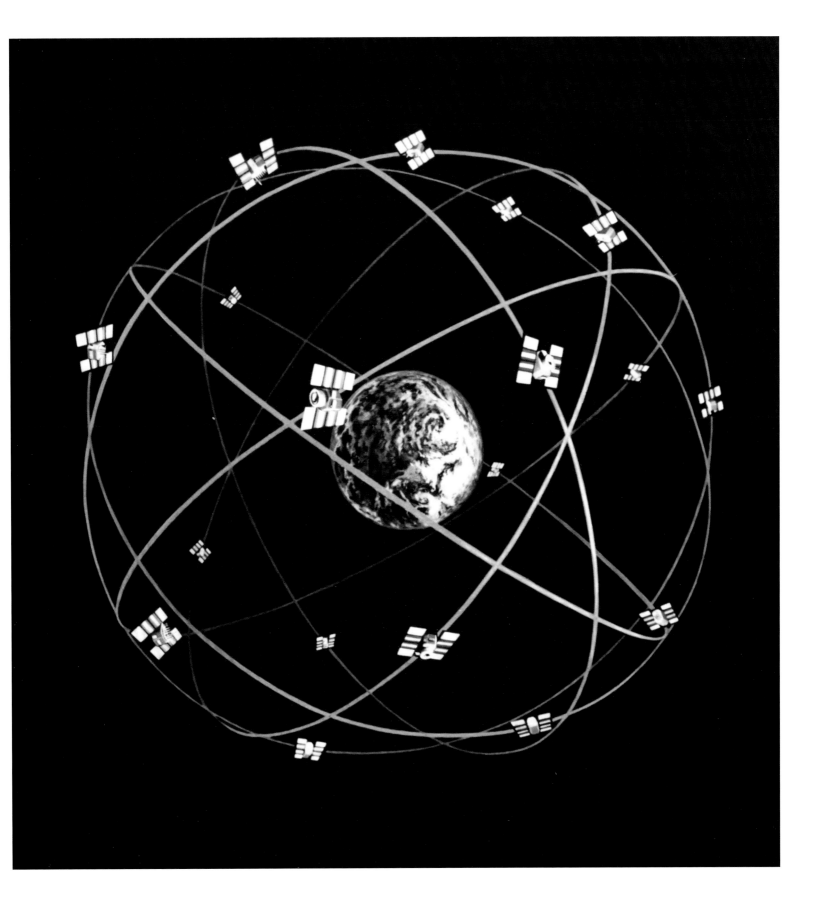

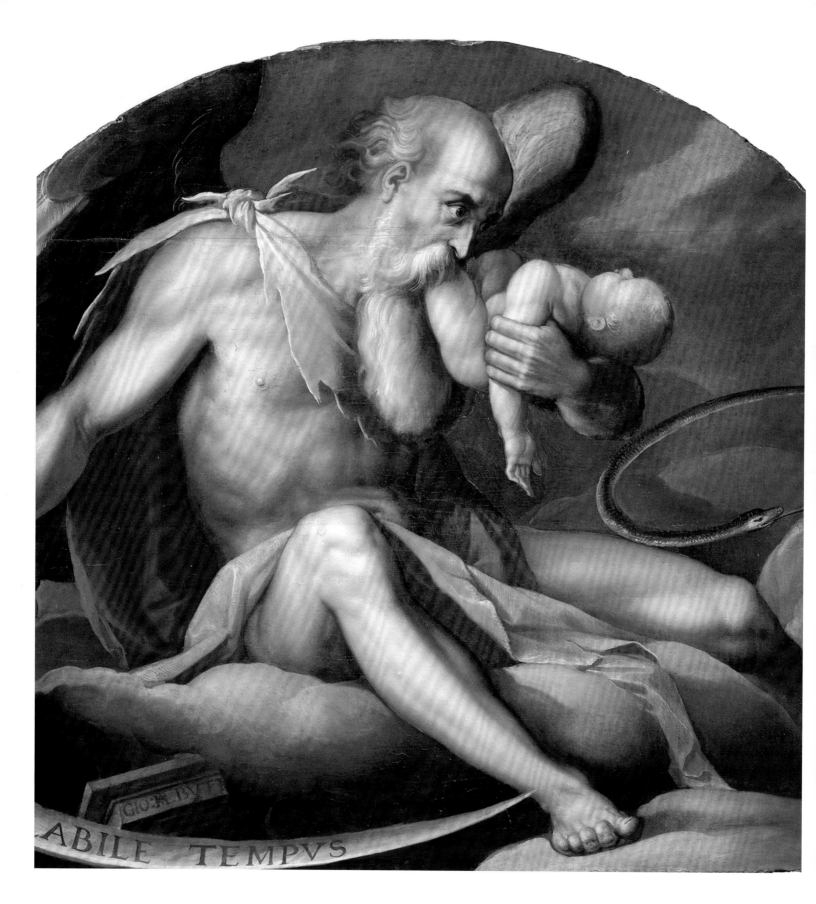

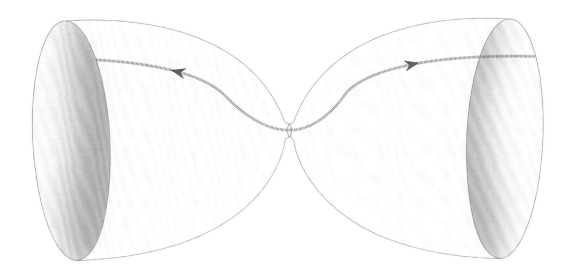

成了现在然后又回到过去的循环。我们的宇宙是由时间之箭塑造的，始终是单向的，从过去到现在，再前往存在诸多变数的未知未来。我们处于这支箭的尖端，过去的时刻和未来同样遥不可及。

另一种思考时间的方式是通过**熵（entropy）**的现象，或者说一种所谓的无序性的度量。如果你做了一个三明治，把它放在桌子上，即使没有饥饿的宠物冲进房间吃了它，微生物和其他过程最终也会分解掉你的午餐，让它变得面目全非。从某种意义上来讲，宇宙差不多也是如此。熵从时间的第一刻起就一直在增加，这是生命逃脱不了的事实。

让物理学家和宇宙学家百思不得其解的是，为什么我们的宇宙在开始时熵相对较低，但随着时间的推移，熵却不断增加？这种熵的增加同时可能是其他一些东西的线索。我们经常谈论**大爆炸（Big Bang）**，似乎它是凭空出现的，是一切的开端。但这只是一种假设。如果大爆炸脱胎于某些更古老的东西，那么那些更早的条件可能已经影响了早期宇宙的模样，也会影响我们体验到的这种时间流逝。

其他宇宙？

很多事情仍然是假设性的，但我们的宇宙有可能是作为另一个宇宙的一部分而诞生的，而那个宇宙并不像我们这里一样存在着方向性的时间。如果没有时间之箭，原先的宇宙将拥有一种无法感知的时间，因为那里不存在"之前"或"之后"。但是，如果大爆炸是从这样一个已经存在的宇宙中分裂而来的，也许就可以解释为什么我们的宇宙在早期经历了一段低熵的时期，并且随着时间的推移熵逐渐增加。这个开始或许不是终极的开始，而是一种带有某些条件的开始状态。

尽管我们对"时间是什么"的理解发生了变化，也提出了新的问题，但我们知道时间存在是因为我们感知到了它。我们在自己的身体里感受到了时间的流逝，我们亲眼看到了它。这也是我们希望追寻这一切的部分原因。早在很久很久之前，人们就已经懂得记录时间。古人通过挖坑来追踪月相，他们创造日晷、发明历法，甚至给神命名［比如古希腊神话中的克罗诺斯（Chronos）］，以试图理解这一自然事实。时间从何而来仍然很难理解，它被困在一段难以看清的过去中，但我们至少可以回到宇宙时钟开始转动的那一刻。即使存在一个更古老的开始，也没有比大爆炸更好的开始了。

▲ 英国物理学家朱利安·巴伯（Julian Barbour）提出，大爆炸代表了一个"雅努斯点"（Janus Point），时间从这个点开始向两个方向移动，其中一个方向就是我们体验的宇宙

◀ 古希腊神话中的克罗诺斯通常被描绘成手持巨镰的形象，反映了时间毁灭性的本质

中微子

时间究竟有多深远？我们现在对这个问题有了越来越精确的答案。

根据最新的测量，我们的宇宙始于137.7亿年前的大爆炸，误差约4000万年。

这是空间和时间同时出现的时刻。这一刻本身仍然笼罩在迷雾之中，但我们正被来自大爆炸后1秒的
遗迹包围着。这些遗迹就是**中微子**（neutrino）。

理论认为，大爆炸发生自一个**奇点**（singularity），一个包含构成宇宙所需全部能量的无量纲的点。如果你觉得奇点的概念难以理解，别担心，绝不是你一个人。在引力奇点（也叫时空奇点）处，用来测量引力场的量变成了无穷。目前，我们所知的物理学在奇点之后的很短一段时间，也就是在一段被称为宇宙**暴胀**（inflation）的快速膨胀期之后才开始变得有意义。暴胀被认为发生在大爆炸后10^{-36}秒到10^{-32}秒之间。在这段时间里，宇宙的大小至少翻倍增长了85次，就好像从一粒沙一下变到了一个足球那么大。片刻之后，第一批中微子诞生了。

中微子是一类非常微小的亚原子粒子，质量几乎为零。物理学家计算出，中微子的质量可能只有电子质量的百万分之一。中微子无处不在，遍布宇宙，但由于它们的能量极低，几乎无法测量，因此与宇宙中的物质的相互作用十分微弱。即使中微子每时每刻不停地穿过我们的身体，这一特性也让它们很难被探测到。1956年，在一项被称为"幽灵捕捉计划"（Project Poltergeist）的实验中，中微子的存在得以证实。经过5年的努力，美国物理学家弗雷德里克·莱因斯（Frederick Reines）和克莱德·考恩（Clyde Cowan）通过观察中微子与物质发生的逆β衰变的相互作用探测到了这种粒子。这是一项大型的物理实验，利用核反应堆产生中微子流，并用装满水和氯化镉溶液的巨大水槽来探测它们。这些大水槽必须被埋在地下，以免受到宇宙射线的影响——这些宇宙射线会把结果搞得一团糟。

▼ 克莱德·考恩（前排左边）、弗雷德里克·莱因斯（前排右边）和"幽灵捕捉计划"团队成员，拍摄于1955年

▶ 科学家在贝加尔湖深水中微子望远镜（Baikal Deep Water Neutrino Telescope）中工作，该望远镜于1990年被安放在俄罗斯贝加尔湖底

南极冰立方中微子天文台（IceCube Neutrino Observatory）

宇宙中微子背景

现在，我们已经发现了中微子，中微子也为研究人员提供了深入探究"深时"的机会。如今我们周围的许多中微子都是宇宙最初时刻留下的遗迹，它们是一些几乎观察不到的时间胶囊，记录了大爆炸后第1秒的情况。关键证据正是来自研究人员所说的宇宙中微子背景（Cosmic Neutrino Background）。

在大爆炸的瞬间，早期宇宙的热量产生了巨量的电磁辐射，并创造了大量中微子和它们相应的反物质，也就是反中微子。中微子的数量确实是天文数字。任意选取宇宙中1立方米的空间，其中都包含约1亿个中微子；其中一些是最近在**超新星**（supernova）等高能事件中产生的，但很多中微子几乎和宇宙本身一样古老，它们也被称为"遗迹中微子"。

鉴于中微子的能量极低，质量很小，它们大多"独来独往"。中微子不带电荷，不会发光，并且顾名思义，通常看起来相当中性。物理学家估计，宇宙中微子背景的温度约为−271摄氏度（相当于2开尔文，也就是比绝对零度高2摄氏度），需要大量的能量输入才能将它加热到开始能与物质发生相互作用的状态。有时中微子可以从太阳内部或者超新星的辐射中汲取能量，但在大多数情况下，它们只是宇宙结构的一部分，而这正是中微子自大爆炸之后被无意间保留下来的原因。

结束相互作用

大爆炸释放出了超乎想象的热量和能量，而宇宙的快速膨胀则导致了温度骤降。中微子几乎一产生，就失去了与物质相互作用所需的大量能量输入。在宇宙大爆炸后的弹指一挥间，在宇宙的第1秒里，已经没有足够的热量和能量让刚刚产生的那些中微子做些什么了。因为中微子不会衰变或者转变成其他粒子，所以它们一直存在。宇宙中或许没有任何其他东西如此长寿了。

事实证明，想在中微子典型的低能状态下探测到它几乎是不可能的，但科学家已经能够通过观测中微子对宇宙其他部分的影响来发现它们的身影。宇宙中微子较低的温度会影响宇宙微波背景，也就是我们宇宙中无处不在的微弱的背景辐射。通过观察这些线索，宇宙诞生的第1秒里发生的剧烈变化开始成为被关注的焦点。

重子声学振荡

虽然很难找到所有事物的标准度量，但宇宙本身存在一种被科学家称为**标准尺**（standard ruler）的东西。这是一种理解和比较宇宙距离的方法。

标准尺长 **4.9亿光年**（light year）。虽然标准尺听上去像是一把非常长的尺子，但别忘了宇宙有多大。物理学家估计，可观测宇宙的直径约930亿光年，有超过189个标准尺那么宽。

科学家通过研究一种被称为"重子声学振荡"（baryon acoustic oscillations）的现象，确定了标准尺的长度。**重子**（baryon）是一种复合的亚原子粒子，由至少3个夸克组成。我们最熟悉的重子是质子和中子，分别由3个夸克组成，这两类重子构成了大部分可见物质的质量。

粒子守恒

由于物质和能量的守恒，宇宙中的粒子数量自大爆炸以来一直保持不变。然而，不断膨胀的宇宙改变了这些粒子的行为，膨胀带来了更大的体积，导致宇宙内部物质的密度越来越低。这种膨胀改变粒子行为的方式，在空间中留下了真实的涟漪。

让我们回溯到大爆炸之后不久，宇宙开始膨胀的时刻。在大爆炸后，快速的冷却让中微子在宇宙的第1秒就变得非常中性，此时的宇宙是由一种格外炽热且极度致密的**等离子体**（plasma）组成的，其中充满了电子、质子和中子等亚原子粒子。

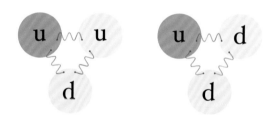

带电等离子体

等离子体是一种难以分类的物质，是一种类似气体的物质状态。但在等离子体中，部分甚至全部电子都被筛选掉了，因此带正电的离子可以自由移动。实际上，等离子体是一种带电气体，尽管它在地球上鲜少出现，但它大概是整个宇宙中最常见的物质状态了。在我们宇宙的早期阶段同样如此，当时，原始等离子体在宇宙中创造了一片带电离子的广袤海洋。但原始等离子体并不是均匀的，其中一些地方要比

▲ 质子（左）和中子（右）都是由3个夸克组成的重子

▶ 上图　宇宙微波背景充斥着宇宙，它是在重子声学振荡产生时发出的辐射

▶ 下图　成对星系之间通常相隔一个标准尺的距离

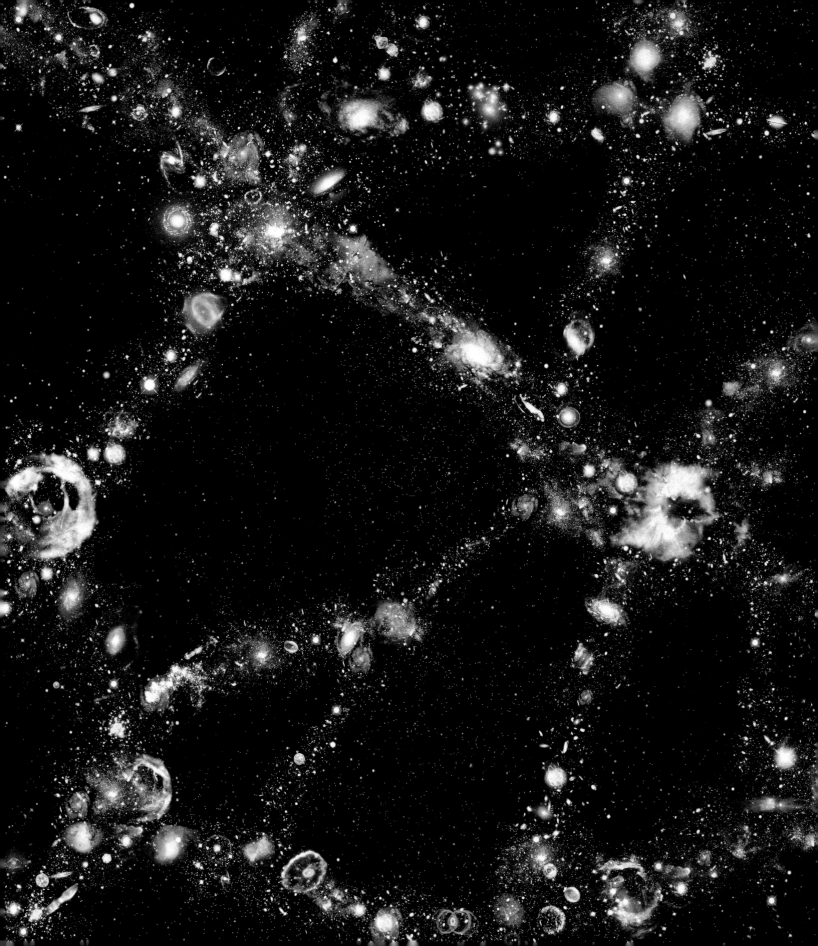

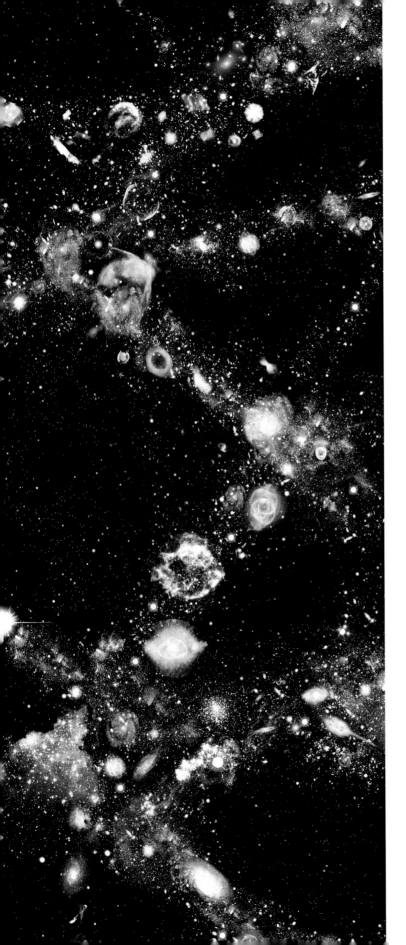

其他地方致密得多，这是在宇宙中产生那些本质上是冲击波的现象的关键。

宇宙中聚集的物质团块获得了引力，并将更多物质拉向自身，这就是包括行星在内的许多天体最终形成的方式。随着时间的推移，物质团会吸引更多物质和它们融为一体。但在宇宙早期，这种形式的相互作用更为复杂。引力将不断增长的致密物质团紧密结合，让更多粒子聚集在一起，这一过程同时产生了热能。以光子形式出现的热能带来了一种会将物质分开的压力。当这些物质冷却后，引力则再次占据上风，并开始将更多物质拉到一起。随着宇宙在早期阶段的持续膨胀，这一循环不断重复出现。

声 波

这种持续的推拉发生在大爆炸后约37万年，并在宇宙中产生了波，这便是科学家口中的重子声学振荡现象，它最终决定了标准尺的长度。原始等离子体中的波在结构上与声波没什么不同，它们是纵波，粒子在其中沿着与传播方向平行的方向振荡。想象一下，原星系沿着波峰和波谷散布开来。最终，引力占据上风，宇宙中第一批电中性的原子开始从等离子体中形成。物质现在可以更快地冷却，这意味着引力突然获得了优势。

虽然发生在137亿年前，但如今依旧可以观测到重子声学振荡的模式。这些波就像一组宇宙皱纹，决定了宇宙中星系的形成位置。事实上，这些振荡的部分证据来自星系分布的方式，它们似乎沿着这种相互作用所预测的长度聚集。标准尺被定义为声波在原子形成之前可以传播的最大距离，而成对星系之间的距离似乎更有可能是这一长度。换句话说，星系的分布并不是随机的，而是由原始等离子体中的早期扰动决定的。有了这些知识，研究人员就找到了一种方法来计算成对星系的退行速度，随着它们移动得越远，退行的距离就变得越小。这些测量被用来计算宇宙膨胀得有多快，并揭示了暗能量的本质，而暗能量就是驱动宇宙膨胀的那股神秘力量。

◀ 星系在宇宙中的分布并不是随机的，它们会形成团簇，其位置可以由重子声学振荡理论预测出来

哈勃深场

仔细想想，从深时的角度来看，夜空绝对是个奇怪的地方。

我们立足于此时此地，从地球上的有利地势凝视太空，看到的实际上是一条时间长河。

当研究人员使用哈勃空间望远镜（Hubble Space Telescope）等高性能望远镜观测更遥远的地方时，

他们可以看到更久远的过去。

我们看到的所有那些小亮点，包括遥远的恒星、行星和星系，并不是它们现在的样子，而是它们在过去某个时刻的模样。我们看到的光可能已经穿行了很长很长一段时间。

来自太空的美景

哈勃空间望远镜以清晰得多的视角观察宇宙中的天体。这台望远镜于1990年被发射升空，是第一台被发射到太空中的大型光学望远镜。人们可以从太空中透过镜头观测并拍下照片，这是"天赐良机"。哈勃空间望远镜与地球上的天文台不同，不必应付来自城市的光污染或者大气对图像的扭曲。这一绝佳的有利位置让我们看到了太空中叹为观止的天体美景，而这些天体在肉眼看来可能不过是一个针尖大小的亮点，前提还得是它们能被肉眼看到。哈勃空间望远镜拍摄到的壮观图像之一被称为HDF（Hubble Deep Field），也就是哈勃深场。

1995年12月18日到28日期间，哈勃空间望远镜聚焦在大熊座的一小片区域。技术人员给该区域拍摄了342张照片，并将它们拼接在一起，形成了一幅恒星和星系构成的星星点点的图像。这张合成图像代表了整个夜空的约两千四百万分

之一。用望远镜的术语来说，图像的四边都是2.6弧分。哈勃深场中总共有3 000个可见天体，其中包括宇宙中极为遥远的一些星系。

图像中的星系形状各异。有些被称为不规则星系，也就是没有任何规则形状的星系；还有一些是旋涡星系，呈围绕中心点旋转的扁平圆盘状。但这还不是全部。图像中大约50个星系附近似乎存在着蓝色的小天体。这些蓝点是新恒星形成的地方，燃料耗尽的古老恒星变成了白矮星和类星体。

测量红移

科学家在研究哈勃深场包含的信息时发现，许多可见星系都有很高的红移值。像星系这样的天体的**红移**（redshift）是它在宇宙中移动时辐射波长的拉伸。在我们不断膨胀的宇宙中，越遥远的天体红移值越高。之所以被称为红移，是因为红色是可见光谱中波长最长的颜色，实际上的辐射可能远超出可见光谱的范围。

与红移相反的效应，也就是波长的压缩，被称为蓝移。事实上，宇宙的膨胀使得距离地球观测点较远的天体比距

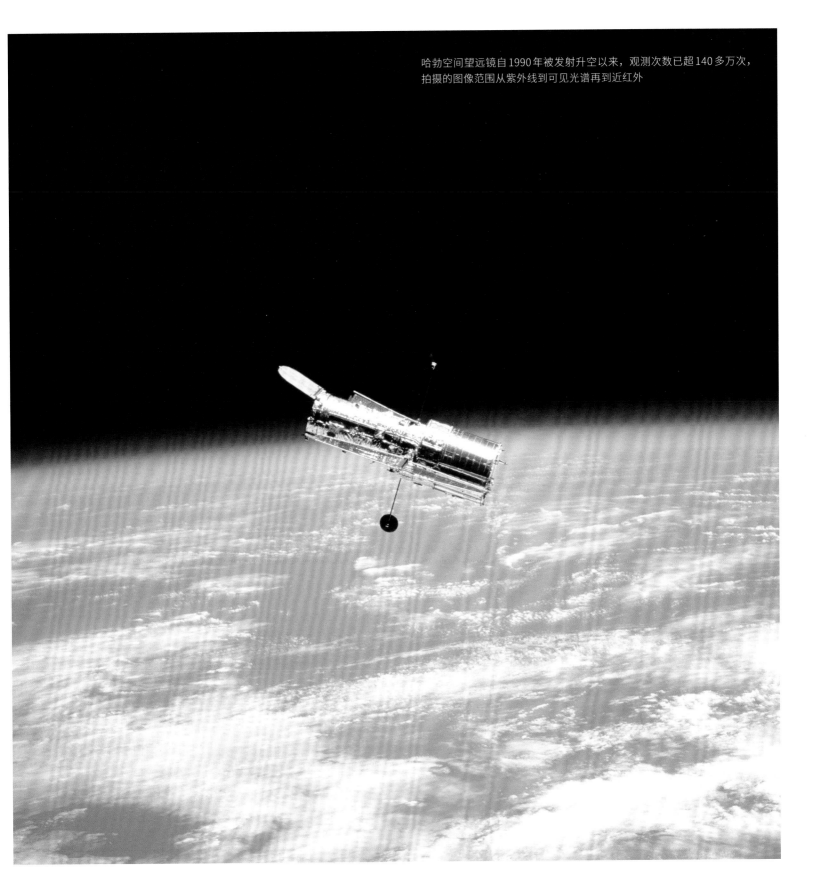

哈勃空间望远镜自1990年被发射升空以来，观测次数已超140多万次，拍摄的图像范围从紫外线到可见光谱再到近红外

▲ 哈勃极深场，摄于 2002—2012 年

◀ 哈勃深场，摄于 1995 年

离较近的天体移动得更快，这加剧了频移效应。利用这些原理，研究人员计算出最遥远的可见星系距离我们约 120 亿光年。

看向更深处

哈勃深场是我们第一次清晰地观察星系是如何形成的，它不仅让我们看到了遥远的星系，还提供了更多关于宇宙如何形成的信息。事实上，哈勃深场简直太成功了，以至于研究人员启动了另外两个项目来比较原始哈勃深场和其他有利的观测位置。2003 年 9 月 24 日至 2004 年 1 月 16 日期间，哈勃空间望远镜聚焦于一个不同的空间区域，拍摄了一幅哈勃超深场图像（Hubble Ultra-Deep Field images），其中包含约 1 万个星系的图像。尽管包含着更多可见星系，但这片区域

看起来和原始哈勃深场图像似乎没什么两样。经过分析，研究人员以此作为证据，认为宇宙在遥远的距离上基本是一致的，地球存在于宇宙中一个典型的部分。这一思想被称为"宇宙学原理"，它认为，即使从一种足够大的尺度上来看，宇宙中的物质分布看起来也基本上是均匀的。

多年来，研究人员不断拍下新的图像，做了更多比较。2012 年，专家发布了哈勃极深场图像（eXtreme Deep Field images），这是先前哈勃深场图像的放大部分。这张照片相当详细，包含了跨越 10 年时间的相当于约 23 天的曝光，覆盖了夜空三千二百万分之一的范围。这张新的图像囊括了约 5 500 个星系，其中一些星系的年龄约有 132 亿年，也就是形成于大爆炸后约 5 亿年的遥远星系，它们也是已知最古老的星系。所有这些黑底上五彩斑斓的光点，都是古代宇宙的时间胶囊，通过研究人员架设在天空中的新眼睛就能看到它们。

超新星1997ff

在整个太空中，没有比超新星更剧烈的爆发了。超新星爆发是一个跨越数百万年的事件，尽管它最激烈的阶段可能仅仅持续数秒。来自格外古老的超新星的证据揭示了早期宇宙的性质。

超新星有两种触发方式。有时，两颗恒星靠得相对比较近，且都围绕着太空中的同一个点运行。在这种情况下，其中一颗恒星消耗燃料的速度可能比另一颗快一点儿。这颗消耗快的恒星就变成了一颗基本上是死星的白矮星，并开始从伴星那里吸引物质。但更多的物质意味着更大的引力，只会不断增加物质的积累，直到过多的物质让白矮星爆发成超新星。

另一种创造超新星的方式则是在一颗恒星内部发生类似的过程。当一颗恒星的燃料耗尽，开始走向生命尽头时，它的内核的质量会增加。在质量更大的恒星中，恒星的中心会变得更致密，也更重，直到核区坍缩，触发超新星爆发。

恒星的衰老和死亡可能需要数百万年的时间。接着，在不到1秒的时间里，核区坍缩并产生冲击波，这种波可能要花上几小时才能到达恒星表面。这种破坏产生的光芒会在几个月的时间里越来越耀眼，并可能持续数年之久。然而，从我们在地球上的有利位置来看，如果我们能发现一颗超新星，哪怕是很短的一瞬间，都是幸运之至。

一颗新的恒星？

距今最近的在夜空中肉眼可见的超新星是开普勒超新星[1]。

1604年10月8日至9日，北半球的人们在蛇夫座所在的一片天区中发现了一颗非常明亮的恒星。这颗超新星在被发现的时候比其他任何恒星都要明亮。

这个事件无疑给德国天文学家约翰内斯·开普勒（Johannes Kepler）留下了深刻的印象，他在著作《蛇夫座足部的新星》[2]中描述了这颗超新星，这个天体后来也以开普勒命名。据研究人员所知，开普勒超新星距离地球不超过2万光年，是我们银河系中被观测到的最新的一颗超新星，400多年前，它在天空中闪耀了仅仅两天。

开普勒以为他看到的是一颗新的恒星，因此在书名中用"新星"描述它。但这其实是它在银河系中的毁灭时刻，超新星爆发造成的影响至今仍然可见。2020年，美国国家航空航天局（NASA）的天文学家观测到了超新星的碎片，它们仍在以超过每小时3000万千米的速度飞离爆发点。单单这个数字就足以说明这场爆发多么令人叹为观止。

古老的爆发

对天文学家来说，超新星远不止是美丽的星际星光表演。这些大规模的爆发还能让我们深入了解古代宇宙中发生了什

---

[1] 编号SN1604。——译注

[2] 作品全称 *De Stella Nova in Pede Serpentarii*。——译注

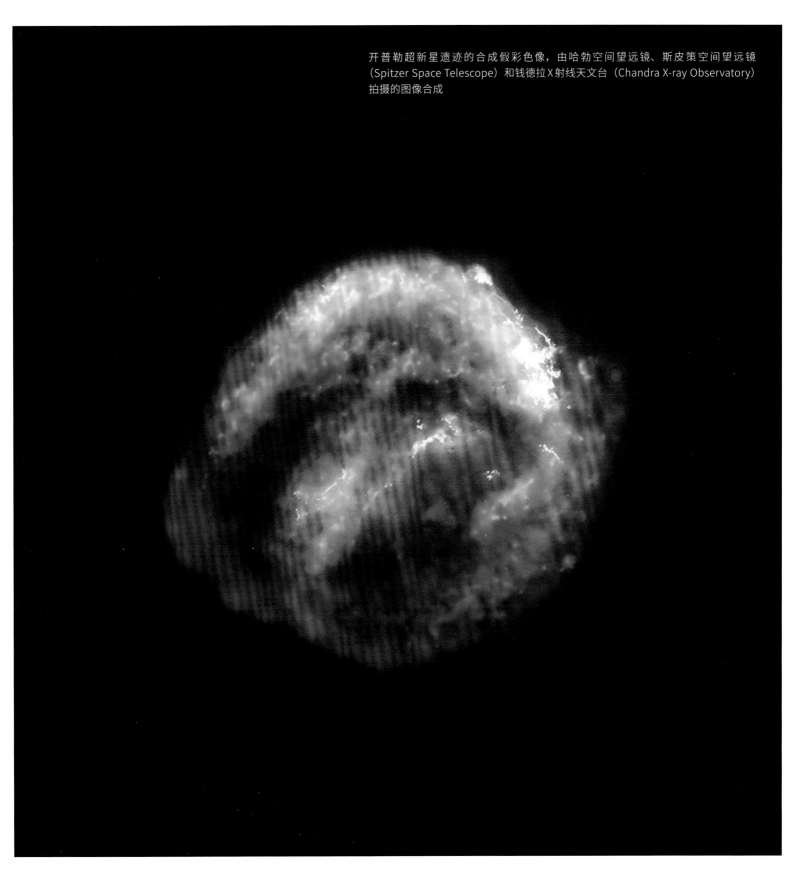

开普勒超新星遗迹的合成假彩色像，由哈勃空间望远镜、斯皮策空间望远镜（Spitzer Space Telescope）和钱德拉X射线天文台（Chandra X-ray Observatory）拍摄的图像合成

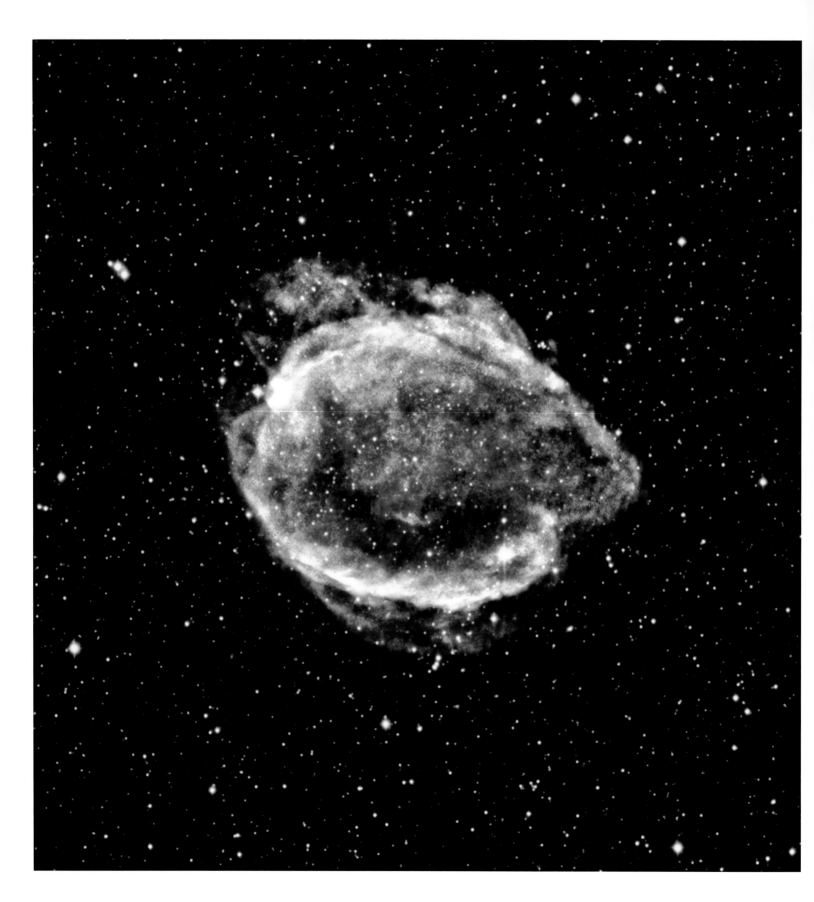

么。超新星1997ff就是这样一场爆发事件。

这场爆发是通过比较原始的哈勃深场图像和1997年之后的后续图像发现的。在图像中各式各样的光点之中，天文学家在一个格外遥远而暗淡的星系中发现了一颗超新星。仔细观察，你可能会发现它正是哈勃深场右上角的一个红色的小亮点。事实上，这颗超新星太远了，专家不得不修正太空在如此遥远的距离下可能出现的时间膨胀。两个不同的研究团队相隔25天观测了同一颗超新星，但对超新星而言，观测间隔仅为9天。

根据已知的宇宙膨胀和天体距离，研究人员能够确定，这颗超新星大约在110亿年前爆发，它也成了我们观测到的最古老的超新星之一。

改变膨胀速率

超新星1997ff的距离和性质证实，宇宙中距离越远的天体，远离地球的速度就越快，这强化了我们所在的宇宙正在加速膨胀的观点。超新星就像一粒时间胶囊。当恒星在110亿年前爆发时，宇宙比现在小得多。这意味着当时的宇宙更致密，这说明早期宇宙中引力的影响也略有不同。天文学家通过详细比较超新星1997ff与更近期爆发的其他超新星，推断出宇宙膨胀的巨大加速直到约70亿年前才开始。

究竟是什么变了？答案可能与暗能量有关。早期宇宙的致密性质能让引力使恒星和星系彼此靠得更近。但暗能量可以克服引力，这股力量正是宇宙在其历史后半程中加速膨胀的原因。超新星1997ff不仅来自一段非常古老的时期，而且来自一个远古的时代，当时宇宙表现得截然不同。那个小红点实际上是一颗化石恒星，来自一个与如今截然不同的时代的遗迹。

▲ 超新星1997ff是哈勃深场图像中标注方框中心的那个红点

◀ NASA钱德拉X射线天文台拍摄到许多超新星遗迹的图像，包括这张G299，它是银河系内的一处遗迹

沃尔德小屋陨石

我们了解的宇宙、星系甚至太阳系形成的大部分知识来自我们对遥远太空的观测。
但有些时候，宇宙也会来拜访我们。

1795年12月13日，一块岩石穿过地球大气从天而降，砸在了英国约克郡沃尔德·牛顿村附近的一块田地里。农夫约翰·希普利（John Shipley）一定被吓了一跳，他离这块不知从哪里冒出来的石块只有几米远。石块陷在50多厘米深的土里，据说冲击力大到让希普利被撞击飞溅出的土壤和岩石砸中了。这一幕就像科幻小说中的情节，当人群聚集过来围观时，这块石头在微微冒烟的小陨石坑中仍然保留着一丝温度。

目击记录

作家爱德华·托珀姆（Edward Topham）就住在附近，并从至少3名事件目击者那里听到了一些说法。每位目击者都描述了一个黑色物体在空中飞行，随后撞击在地上。这一定是落在希普利身边的那块石头，即使那天听到了雷声，那些正常的天气条件也无法解释为什么这么大一块石头会重重地砸在地上。托珀姆对这起独一无二的事件印象格外深刻，他在这块石头的撞击点建起了一座纪念碑。

当时，没有人确切地知道**陨石**（meteorite）来自何处，或者它们代表了什么。事实上，当时的一些博物学家认为，

太空中不会有任何物质落到地球上。一种想法认为，这些岩石是从火山中喷出来的。不过，这种说法对落在沃尔德小屋附近的石头来说似乎不合情理，因为那附近并没有活火山。其他专家断言，这些冒烟的石头是闪电造成的，猛烈的热闪光让石头液化，并将其揉成了焕然一新的石块。但并没有证据表明闪电导致了类似的事情。

科学探究

无论砸向农田的石头来自何方，它都足以成为一个小小的轰动事件。托珀姆是这块陨石最初的主人，陨石被放在伦敦皮卡迪利展览。但托珀姆并没有收藏陨石太长时间。1804年，托珀姆以略高于10英镑的价格将陨石卖给了英国矿物学家詹姆斯·索尔比（James Sowerby）。不过，相比于那些耸人听闻的故事，索尔比对岩石的科学性质更感兴趣。索尔比在

▲ 爱德华·托珀姆（1751—1820）
▶ 托珀姆的女儿哈丽雅特（Harriet）绘制的一幅沃尔德小屋陨石图，图中详细标注了陨石的尺寸和重量

Harriet H. Topham

Hight — 30 Inches

Breadth — 28 Inches

Weight — 50 Pounds

▲ 沃尔德小屋陨石如今由伦敦自然历史博物馆保管

◀ 一座纪念碑矗立在约克郡沃尔德·牛顿村附近的陨石着陆点

《英国矿物学》（*British Mineralogy*）一书中描述了这块石头，他写道："介绍一种像流星一样从天而降，或者像法厄同[1]那样坠落的物质，或许听上去很荒谬，但也令人好奇。"索尔比指出，这样物体非常罕见，因此格外重要，特别是因为，用地质学家的话说，"出于恻隐之心，我们应当希望这样的东西依旧是罕见的，否则后果或许不堪设想"。

和其他说法相比，索尔比对岩石来源的解释并没有更多证据的支持。他提出，这种岩石可能存在于大气中的某个地方，它可能在接触"电流体"时被击落到了地面。这块石头来自太空的想法对索尔比来说还是难以接受，但这是地质学家和天文学家终将接受的结论。陨石从太空坠落的概念最早是由德国物理学家恩斯特·克拉德尼（Ernst Chladni）于

1794年提出的。这样的想法起初遭到了广泛的否定，直到10年后，法国天文学家兼物理学家让-巴蒂斯特·比奥（Jean-Baptiste Biot）分析了1803年4月26日落在诺曼底莱格勒镇上的3 000块陨石碎片，这一想法才开始被接受。

古老的残留

沃尔德小屋陨石是已知坠落在英国的最大陨石。最近的研究表明，这颗陨石是太阳系形成的残余物，在太空中漂泊了约46亿年。

这颗灰色的石块重约25千克。专家将它归类为球粒陨石，也就是说，它是由未被熔化或者以其他方式改变的石头构成的。事实上，这是一种太空碎片——当两颗小行星相撞时，一块岩石碎片裂开并冲向了地球。而那些小行星本身正是从形成太阳系的大量尘埃和碎片中剩下的，因此沃尔德小屋陨石成了太阳刚诞生时留下的碎片的碎片。

---

[1] 在希腊神话中，法厄同（Phaethon）常被认为是太阳神赫利俄斯（Helios）之子。他曾驾驶太阳车并失控，最后被宙斯（Zeus）用闪电劈死，身体从天坠落。——译注

月 岩

如果说阿波罗11号任务有什么著名之处，那一定是尼尔·阿姆斯特朗（Neil Armstrong）的那句名言："这是个人的一小步，却是人类的一大步。"但是，前往地球唯一卫星的任务并不仅仅是在月球的尘土中插上一面旗。随着人类的脚步踏上月球，阿波罗11号任务收集到了月岩样本，它们能帮助科学家更好地了解距离我们最近的太空邻居的形成。

1969年，当阿波罗11号的宇航员返回地球时，带回了约22千克的土壤、岩石和岩心样本。在此之前，还从未有人从太空带回过石头，专家担心它们可能携带着某些未知的微生物或病原体，对地球上的生命构成威胁。毕竟没有人希望我们自己这个物种面临《世界大战》（War of the Worlds）[1]那样的结局。实验室小鼠被注射了月岩样本，蟑螂被喂食了月尘，还做了其他测试，确保在地球上保存月球样本是安全的。当这些样本准备好被用于研究时，它们为研究人员提供了月球是由什么构成的及如何形成的关键证据，给你个提示：它并不是由奶酪制成的。[2]这就是月质学或者叫**月球学**（selenology）这门学科的起源。

着陆位置

月球有许多地质特征。那里有陨击坑、月丘、地堑、沟纹等，形成了一种复杂的表面。但是我们对月球地质的了解大多来自较为平坦的地区。阿波罗11号的宇航员收集到的一些石头就来自他们位于静海（Sea of Tranquillity）的着陆点附近。这片873千米宽的暗区在几个世纪前就有了这个听起来很像水域的名字，当时的天文学家认为它可能是一片海洋。但那片平滑的表面实际上是岩石，平坦到足以让它成为阿波罗11号任务一个颇具吸引力的登陆点。

研究这些样本的研究人员很快意识到，静海那种海一般的外观要归因于那里的岩石类型。这片区域的岩石主要是**玄武岩**（basalt），一种熔化的岩石迅速冷却时形成的多孔岩石。这种岩石在地球上通常是火山喷发的产物。无论月球上的这片区域中发生了什么，它至少涉及令人难以置信的热量。

但玄武岩并不是故事的全部。宇航员还找到了一种被称为**角砾岩**（breccia）的石头，它是由较小的碎片胶结在一起构成的岩石。这些岩石经历了比地球上的许多同类岩石更加激烈的历史。正如你可能从月球上诸多陨击坑猜到的那样，随着时间的推移，月球被各种太空岩石和碎片反复轰炸过。那些撞击打碎了石块，然后又将碎片结合形成角砾岩。这些角砾岩就是在陨石撞击处存在的那些东西的混合物。

[1] 赫伯特·威尔斯（Herbert Wells）于19世纪末发表的科幻小说，故事中火星人入侵地球，但在即将取得胜利的时候却因感染地球细菌死去。——译注
[2] 在许多童话和文化中，都有"月球是奶酪做的"这样的说法。——译注

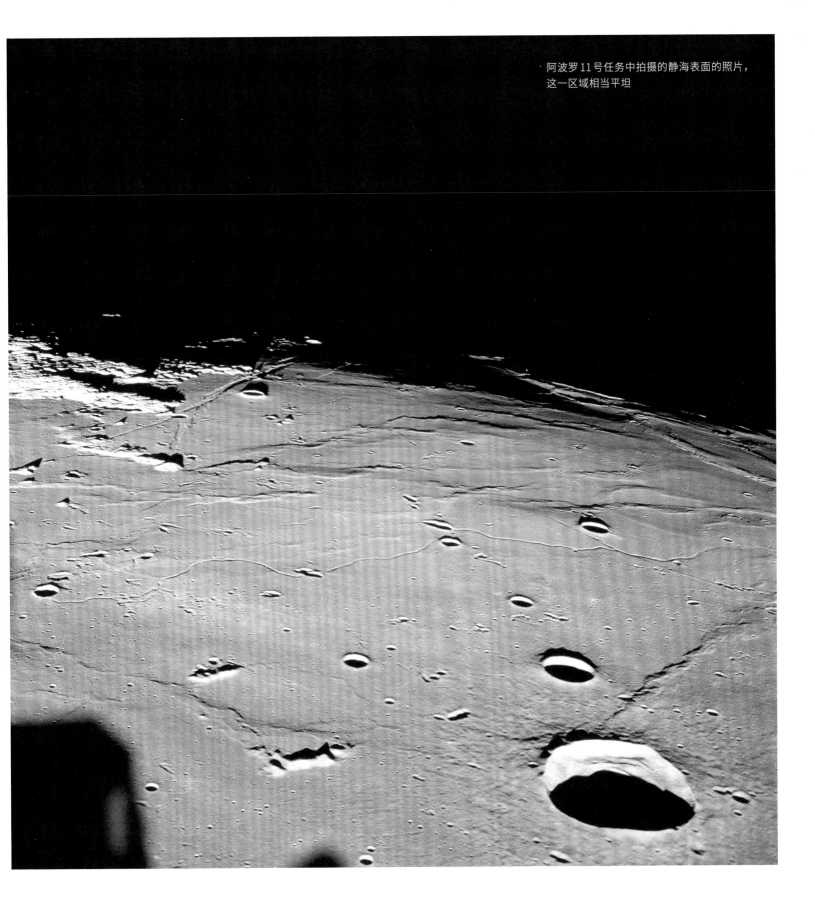

阿波罗11号任务中拍摄的静海表面的照片，这一区域相当平坦

宇航员吉恩·基尔南（Gene Cernan）在1972年阿波罗17号任务中采集岩石样本，这是第6次登月，也是阿波罗计划的最后一次任务

▲ 月球样本10021,79是1969年阿波罗11号任务期间从月球采集到的第一份样本中的一块小石头

研究人员在角砾岩中的发现为月球的历史增加了另一个层次。角砾岩中的一些碎片包含一种被称为斜长岩的岩石，它属于玄武岩。更确切地说，这些岩石的构成可以追溯到月球表面仍是熔融状态的时代，当时的月球表面是一片由熔化的岩石构成的巨大岩浆海洋。事实上，当时的月球太黏稠了，以至于被地球引力改变了形状。大约45亿年前，年轻月球的形状更倾向于椭球体。月球在开始冷却之后，才呈现出我们如今在天空中看到的这种更圆的形状。

重轰击

不过，月球的地质创伤远没有结束。从月球表面收集的岩石表明，月球在过去曾被其他岩石和太空碎片反复撞击。静海本身就是由这样一次撞击勾勒出来的。一块巨大的岩石，大概是一颗大型彗星或小行星，在大约39亿年前撞击了月球的这一区域，将岩石熔化，形成了如今这一地区的地质剖面。月球学家将这段时间称为"月球灾难"，也叫"晚期重轰击"。

至此，一幅图景徐徐展开：月球一开始是一个熔融岩石构成的球，随着时间的推移而冷却，岩层最终分离，并降温成了围绕我们这颗星球运行的反光球形天体。虽然各个样本的定年结果略有不同，但它们的年龄都在43.5亿年左右，也就是地球形成后的2亿年，这是月球从液态岩石迅速演变成冰冷的绕行岩石的迹象。

锆 石

尽管你听不见，但锆石晶体里的时钟却在不停地嘀嗒作响。

这些坚韧的矿物构成可以帮助地质学家对岩石开展高精度的定年，成了多管齐下策略中的一部分。

地质学家会用许多不同的方法确定一块岩石的年龄。其中一些技术可以追溯到17世纪，当时的学者和博物学家开始理解一个如今被称为**地层层序律**（Law of Superposition）的概念。

想象一下，在沙漠边缘一座高耸巨大的方山[1]上，有一叠灰色、绛红色和紫色相间的岩石暴露在外。每一种颜色相异的部分是一个单独的岩层，这些岩石都是在很久以前作为古代河漫滩的一部分形成于此，当时的河水将泥沙沉积在河漫滩处。根据地层层序律，地质学家假设，底部的岩石比顶部的更为古老。早在岩石形成时，这一地区新的沉积物就会"铺"在旧的上面，就像把一张纸放在另一张纸上，直到你得到厚厚的一摞纸。大多数情况下，这种石堆底部的岩石更古老，而靠近顶部的岩石比较年轻。

当然也有例外。有时，在山峰推高或者贯穿地壳的断层的压力之下，岩石堆在形成很久之后会出现倾斜或翻转。由于这个原因，专家经常需要其他证据才能确定某些岩石的形成时间。

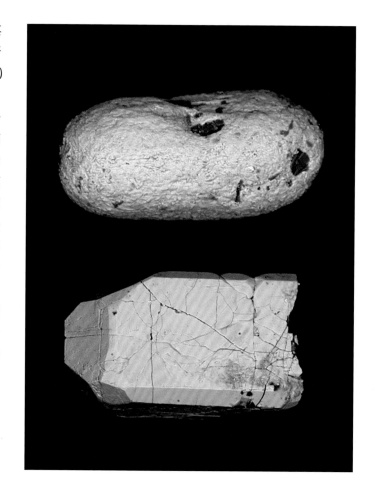

[1] 即山顶平坦，四周被山崖围限的孤立山地。—— 译注

来自化石的线索

有时化石可以提供帮助。在被称为**生物地层学**（Bio-stratigraphy）的学科中，研究人员可以研究在一个岩层中发现的所有不同物种，并且看一下这些物种是否能在其他地方的不同岩层中找到。比方说，一位古生物学家在谷底1米多深的岩层中发现了菊石，这是一种有螺壳的鱿鱼亲属物种。如果这位研究人员在千里之外的另一个岩层中发现了相同种类的菊石，并且它们处于岩层中较高的位置，那就可以确定，即使两个岩层相距甚远，它们也代表了同一个时期。

这两种方法，也就是地层层序律和生物地层学，都有利于所谓的相对定年，或者弄清楚一个岩层是比其他岩层更古老还是更年轻。但如果我们想知道一块岩石究竟是在几百万年前形成的，也就是得到专家口中的绝对年龄，我们便需要拉近镜头，聚焦隐藏在岩石内的线索。

有弹性的晶体

一种被称为**锆石**（zircon）的微小晶体是确定绝对年龄的关键。这些微观晶体通常在地球内部的岩浆中形成，通过喷流和喷发被带到地球表面。锆石非常坚硬，具有很强的抗破坏性，能持久存在于含有史前熔岩或火山灰的岩石中。比如，当古生物学家挖掘埋在古火山灰烬中的**恐龙**（dinosaur）骨架时，他们挖掘的就是充满了这些有用晶体的岩石。

正是锆石于地球深处的起源，使它们变得格外重要。锆石从形成于熔岩的开端起，就含有铀——一种放射性元素。铀的奇妙之处在于，它能以非常缓慢而恒定的速度转变为铅。

▲ 菊石化石广泛分布于世界各地，在生物地层学中非常有用

◀ 来自澳大利亚西部杰克山区（Jack Hills）的两个锆石晶体的反散射电子显微图

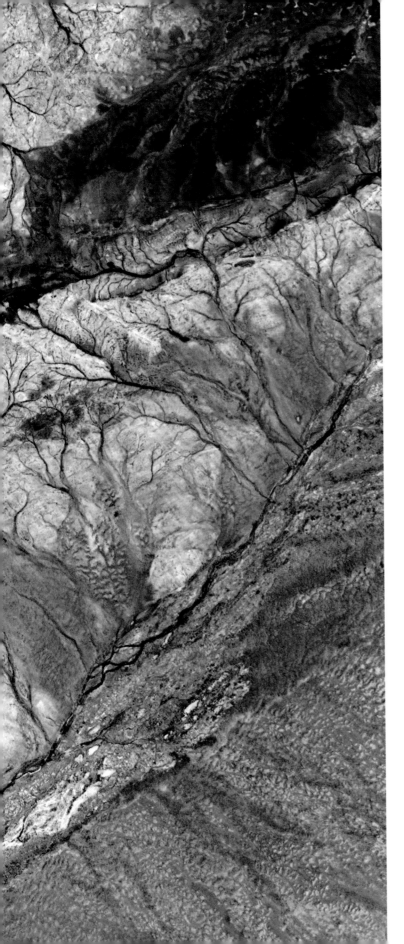

地质学家用铀的半衰期来衡量这一速率，也就是一定量的铀有一半衰变为铅所需的时间。通过观察锆石晶体中含有多少铀和多少铅，就能计算出一块岩石存在了多久，得到它形成的更精确时间。铀的半衰期是45亿年，这让它在为一些非常古老的岩石定年上非常有用。

结合证据

并非所有岩石都可以通过锆石晶体来定年。来自古代海床的由**侏罗纪（Jurassic Period）**泥土构成的岩石可能就没有合适的成分来定年。但纵观地球历史，曾发生过足够多的火山喷发，许多沉积岩层被夹在含有锆石晶体的各类岩石之间，或与它们紧密相连。确定这些岩石的年代，你就可以开始划定时间框架的界限了，或许甚至能用一个地方的沉积物的化石来研究另一个具有相同生物的地方，而后者恰好也有含锆石的岩石，就能得到一个更准确的定年结果。

这种科学侦探工作让地质学家能确定地球上一些最古老的岩石。测试锆石已经帮助研究人员确定，来自澳大利亚西部杰克山区的地层是地球上已知的最古老地层，具有超过43亿年的历史。鉴于地球本身的年龄估计只有不到46亿年，杰克山区的地层已经非常接近我们星球的开端了。

▲ 来自澳大利亚西部杰克山区的石英卵石砾岩，这块岩石具有近43亿年的历史

◀ 澳大利亚西部杰克山区的卫星图像

阿卡斯塔片麻岩

地质学未能讲述一个简洁有序的故事。地球也不像一个洋葱，

由从古老到年轻的均匀地层堆叠而成。相反，我们星球的地壳杂乱无章，

地壳的隆起、侵蚀和其他力量掩埋了某些古代历史，又将某些历史带到表面。

这些持续发挥作用的力量在加拿大耶洛奈夫（Yellowknife）附近让极其古老的岩石重见天日。

这些巨大的深色条带石块被称为阿卡斯塔片麻岩群（Acasta Gneiss Complex）。把石块切开并清理后，可以看到黑色、灰色和棕褐色的区域似乎在石头里形成了旋涡。这些微小的细节让地质学家能够确定这是什么类型的岩石，以及它是如何在地球早期形成的。

地质学家通常会根据岩石的形成方式将其归入几大类中的一类。火成岩是曾经被熔化的岩石。当火山喷发出的熔岩冷却并凝固时，就成了火成岩。沉积岩则截然不同，它们是类似砂岩和泥岩的岩石，当许多小颗粒堆积起来，随着时间的推移凝固而形成层次，沉积岩就形成了。（如果你在寻找化石，就应该看一下这类岩石。）变质岩则是前两类的混合。变质岩起初是火成岩或沉积岩，随后在地下被极端的热量和压力进一步改变。例如，堆积在海底的沙子会成为沉积岩，如果这些岩层被推到地表之下，暴露在更高的温度和压力下，就会转变成变质岩。

片麻岩（gneiss）是一种变质岩。耶洛奈夫周边发现的古老岩石在被改变之前，最初形成的是其他类型的岩石。尽管承受了极强的压力，经历了漫长的时间，但阿卡斯塔片麻岩仍然保留了一些能够定年的锆石晶体。事实证明，阿卡斯塔片麻岩可以追溯到约40亿年前，和地球本身形成的时间仅相差约6亿年。

▲ 具有40亿年历史的阿卡斯塔片麻岩

▶ 加拿大西北地区斯拉维克拉通（Slave Crayton）的卫星图像，其中包含阿卡斯塔片麻岩

年轻的地球

地质学家称这一时期为**冥古宙**（Hadean Eon）。这个词来源于希腊神话中的冥王哈迪斯（Hades），它也能告诉我们地球在那时是什么样子的。冥古宙的地球非常热，仍处在形成过程中逐渐安定的阶段。专家估计，早期地球的表面温度可达230摄氏度，尽管温度很高，早期的海洋还是以某种方式在地表扩张。地球正慢慢地从一颗具有高温熔融表面的静态星球，过渡到一颗较冷的星球，此时，**板块构造**（plate tectonics）正围绕着巨大的大陆地壳重新洗牌。

在我们星球的结构中，岩壳实际上只是更深和越来越热的地层之外的一层薄皮。大陆地壳由许多独立的板块构成，这些板块位于不断运动的地幔上，尽管地幔大部分是固体岩石，但具有焦糖一般的稠度。这些特点意味着板块会移动、相互碰撞、滑过彼此下方，并由于来自地球内部新形成的熔岩的加入而被海底扩张的区域推动。板块构造是非洲和南美洲等曾经相连的大陆如今彼此分离的原因。

阿卡斯塔片麻岩形成时，板块构造还是地球上一种比较新的现象。这些岩石的变质性质就是一条线索。研究人员提出假说，认为阿卡斯塔片麻岩暗示着地球在循环它的地壳。

地壳的岩石从地球早期的熔融状态开始冷却。地核之外滑腻的地幔层使地壳板块得以移动。而在一些板块相遇的地方，一个板块有时会被推到另一个板块的下面。这使上方地壳的重量压在了下方的岩层上，使它受到更多热量，导致岩石发生转变。地质学家假设，在最初的阿卡斯塔岩层形成后，表面的岩层被慢慢地压入地幔，然后这些融熔且被改变的石头又被带了出来，就像一条巨大的地质传送带。阿卡斯塔片麻岩讲述了这个循环故事的一部分。研究人员认为，这些岩石来自曾经构成早期大陆的花岗岩，后来被压力和时间改变。曾经被石头淹没的东西最终又被带回地表，同时带来了新生地球的一段记录。

▲ 阿卡斯塔片麻岩的彩色扫描电子显微照片

▶ 一块片麻岩，带有这种变质岩的典型暗色条带

40亿年前

不可能的生命形式

海洋深处，在阳光无法穿透的地方，存在着可能非常类似于地球最早生态系统模样的生态系统，
它们依赖于从地球本身源源不断渗出的能量生活。

1977年，深潜器"阿尔文号"（*Alvin*）上的海洋学家正在太平洋加拉帕戈斯群岛周围寻找热液喷口。这些喷口位于岩浆接近海底的地方，被加热的水通过裂缝和管道状的"烟囱"从地下涌出。当水下探险家终于亲眼见到一处喷口时，他们惊呆了。尽管暗无天日，但喷口处却生机勃勃。那里生活着煞白的螃蟹、奇形怪状的鱼、长着玫红色末梢的3米长的管虫，还有巨大的细菌垫，这里就是一个超乎想象的完整生物群落，这些生物可能掌握着我们星球上早期生命的秘密。

在地球上的大部分地方，植物构成了复杂生态系统的基础。植物通过光合作用吸收阳光，并利用这种能量从二氧化碳和水中创造出自己的食物。其他有机体以光合作用者为食。但是在海洋中，阳光无法抵达200米之下的深度。需要

▼ 位于2 400米深的热液喷口周围的异尾下目（Anomuran）蟹群

▶ 一个充满气体的"白烟"喷口，这里的水温超过100摄氏度

光合作用的生物在那里无法生存。生活在喷口的生物不得不依靠另一种能量来源，也就是**化能合成**（chemosynthesis）。

细菌是这些怪异环境的关键。无论是在生态系统中还是在动物体内，细菌都能利用来自喷口的化合物（比如甲烷）的化学键中储存的能量来制造它们的食物。这意味着，在热液喷口周围发现的奇怪生物，比如那些巨大的管虫，与其说是在捕食吃，不如说是在"招待"它们体内那些能提供食物的细菌。这是一种完全不同的生活方式，这种化能合成过程可能是一条线索，有助于揭示地球上最早的生命是什么样子。

微小的化石

自从发现深海热液喷口以来，研究人员一直想知道地球上的生命是不是有可能是以同样的方式开始的。在加拿大魁北克发现的可以追溯到40多亿年前的化石，让这个想法得到了一些支持。科学家在富含铁的泛红晶体中发现了微小的管状物，它们与今天生活在热液喷口周围的微生物所创造的结构有着惊人的相似之处。

当涉及非常古老的化石时，专家对它们的解释往往各执一词。许多微小的化石结构，比如看起来像细胞的管子或圆形结构，可能是由其他自然过程创造的，而并非生命的迹象。由于这个原因，需要更多证据来确认世界上最古老的化石的身份。专家会研究这些结构的形状、它们的化学特征及其他细节，确定化石和以前见过的生命形式之间是否存在匹配。在这种情况下，专家不是在寻找动物或任何形式的复杂多细胞生命，而是在寻找晶体中的图案与微观单细胞生物所能创造的图案之间的契合。

地球上最早的生命？

包含这些化石的岩石采集自加拿大哈得孙湾的海岸，它们是在一个史前喷口在海底渗出熔岩时形成的。这是一种类似于如今喷涌冒烟的深海喷口的环境，它提供了化能合成细菌赖以制造食物的基本甲烷和富硫化合物。这些含有管状物的岩石中存在着碳化合物、磷和氧化铁，这些相同的化学特征表明，这些元素是由生命过程而非地质上的偶然事件留下的。

专家对这些岩石的解释存在分歧，任何与早期生命有关的发现都肯定会吸引大量的审查和重复实验。但是，如果这些晶体线索真的是生命迹象，那么它们可能在很大程度上填补了地球上最早的一些生命形式的背景。生命可能不是从一个被阳光照射的浅水小池塘开始的，而是来自海洋深处：地球内部的热量冲破了表面，为原始生命形式提供了原材料。一个世纪以前，还没有人知道这种生物如今能够存在，更不用说在遥远的过去了。喷口的细菌是生命韧性和谋略的另一个标志，也是一种线索，说明我们星球上生命的起源可能比任何人预期的都要奇怪。

◄ 加拉帕戈斯群岛附近的一个喷口周围的巨型管虫群落
▼ 含有微生物化石的岩石，这些微生物可能生活在古老喷口周围

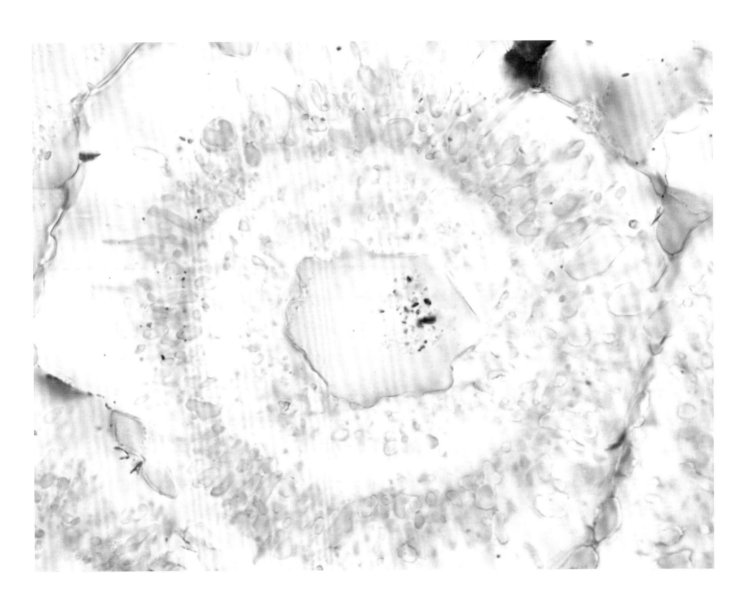

35亿年前

叠层石

如果你想穿越时空，窥探数十亿年前的地球是什么样子的，有几个地方正好可以让你美梦成真。
巴西的萨尔加达湖（Lagoa Salgada）、美国西部的大盐湖（Great Salt Lake）、土耳其的萨尔达湖（Lake Salda）
和澳大利亚的沙克湾（Shark Bay）都可以让你一睹为快。这些地方是一类奇特的古老生物的家园，
它们被称为**叠层石**（stromatolite）。

从外面看上去，叠层石可能看起来像石枕，或者长着一层绒毛的石塔。"stromatolite"（叠层石）这个词可以形象地粗略译为"床垫石"。它们根植于适当之所，并不是那种最具动态的结构，但也绝不是死气沉沉的。这些堆叠的球状石堆是由蓝细菌（cyanobacteria）创造的，这是一种能进行光合作用的细菌，也是地球上最古老生命的组成部分。

我们很幸运能看到并研究现代叠层石，地质学家对这些结构的形成有了一种相当不错的认识。如今的叠层石的形成方式与数十亿年前的情况基本相同。当成群的蓝细菌从阳光、二氧化碳和水中创造食物时，它们会产生一种天然的黏合剂。这种黏稠的产物有两方面的作用。这种"胶水"不仅有助于让蓝细菌聚集在一起，还能留住沉积物，就像植物的根部抓住土壤那样。事实上，有时蓝细菌也会沉淀自己的矿物。

所有这些活动在被粘在一起的沉积物上形成了厚厚的微生物垫。而且，蓝细菌并不仅仅停留在一个地方，它们会被光线吸引，这是制造食物必不可少的要素，所以它们会向上移动，待在沉积物上方，在身下继续积累。随着时间的推移，更古老的沉积层会变成石头，形成一个凸起的平台，上

面是活的蓝细菌。整个结构很像地质地层，最古老的层在下面，而更新的层则在蓝细菌的正下方。

生命的条件

叠层石在世界各地的化石点都可以找到，但目前发现的最古老的叠层石来自澳大利亚西部。这些蘑菇状的石塔可以追溯到大约35亿年前的**太古宙**（Archaean Eon），这是继炽热的冥古宙之后，地质年代中的第二个宙，持续时间从大约40亿年前到25亿年前。

到了太古宙，地球的地壳已经冷却到足以形成大陆。陆块并不在它们如今的位置，大块的岩石陆地散布在一个广阔的全球海洋上。大气并没有我们所想的那般舒适，甲烷从天空中倾泻而下，在地球上形成一片薄雾。甚至连光也不一样。彼时太阳的亮度约为如今的70%，但温室气体可以在地球上留住太阳的热量，防止世界冻结。尽管如此，这些光也足以让生命开始尝试一些新鲜事物。当时，光合作用仍然是新鲜事物。在此之前，生命并不需要氧气，而是通过化能合成制造食物。微生物开始利用阳光来制造赖以生存的糖类，

▲ 来自澳大利亚西部皮尔巴拉克拉通（Pilbara Craton）的叠层石化石，有34亿年历史

▼ 叠层石化石的特写

其实是一次碰巧成功的偶然事件，是演化的成功实验之一。

鉴于生物学家和地质学家对现代叠层石的认识，研究人员认为，这些渴望阳光的蓝细菌对古代大气的变化至关重要。氧气是光合作用的产物之一，随着叠层石在几十亿年间不断增加，帮助引入了更多的氧气，这对呼吸过程非常关键。如果不是蓝细菌创造的叠层石，我们不会对这些变化有太多了解，这些结构被地质学家归类为微生物岩，因为它们是由微生物的活动塑造出的岩石。

叠层石能坚持这么久简直是个奇迹。这些结构的数量在12.5亿年前达到高峰，但在约5.5亿年前大幅缩减，彼时，动物生命开始迅速演化出许多新的形式。叠层石帮助创造的世界可能最终也成了它们的祸根。一个含氧量越来越高的地球为早期的螺类和其他无脊椎动物等植食性生物创造了合适的条件，叠层石上毛茸茸的蓝细菌垫在这些生物看来就是美味的自助大餐。叠层石在一些地方仍然保存了下来，特别是在一些极端和隔绝的地方，成了古老的太古宙世界留下的低语。

澳大利亚西部沙克湾的叠层石

辛兹大厅的皮尔巴拉铁岩

我们对氧习以为常。这种元素存在于我们的每一次呼吸中，占地球大气的21%。但情况并非一直如此。

几十亿年来，地球的大气其实是相对贫氧的。发生在约25亿年前的巨大变化来自生命本身。

英国伦敦自然历史博物馆辛兹大厅中的一块巨大条带状岩石便是这个转折点的证明。

虽然一块富含铁的条带状岩石可能看起来并不是最有生气的东西，但这块石头正是一条线索，告诉我们生命在**古元古代**（Paleoproterozoic Era，25亿年前到16亿年前）开始时做了些什么。彼时，生命已经在地球上存在了10多亿年，床垫一样的叠层石在地球各处的浅水区域变得更加突出。但正是在25亿年前，更多形式的单细胞生物开始参与光合作用，并产生氧气。蓝细菌和其他光合作用的微生物蓬勃繁殖，使得海洋中充满了氧气。当这些生物将阳光转化为自己的食物时，它们产生的氧气会和溶在海水中的铁结合。

关键在于一个被称为"产氧光合作用"的过程。它的机制是当来自太阳的光子遇到蓝细菌体内的叶绿素时，太阳光为蓝细菌提供了足够能量，让它们能从水中获得一些电子，从而产生氢气和氧气。这些电子被蓝细菌用来创造一种叫作腺苷三磷酸（adenosine triphosphate，简称ATP）的化合物，这种物质可以在细胞里运输能量。从全球的角度来看，每天有不可估量的细胞经历着这个过程，开始创造出大量氧气。

耗尽铁元素

在古元古代，世界上的海洋含有相对丰富的溶解铁。在溶液中，它被称为亚铁。但当铁被氧化后，氧从铁中夺取了一个电子，金属就会产生变化，变成三价铁，然后沉淀析出并下沉。随着氧与铁结合，新的氧化铁分子经年累月地沉入海底，一层又一层。就像叠层石会在它们的身下形成新的层一样，光合作用的细菌创造了条带状的铁岩层，直到水中大部分的铁被耗尽。等到那时，氧便可以自由地去做别的事情，它不断上升，进入大气，创造了研究人员口中的大氧化事件（Great Oxygenation Event）。

◀ 在英国伦敦自然历史博物馆辛兹大厅展出的皮尔巴拉岩石

▶ 位于澳大利亚皮尔巴拉的哈默斯利峡谷（Hammersley Gorge）的铁矿石层

澳大利亚皮尔巴拉若夫尔峡谷（Joffre Gorge）
中的层状岩石

辛兹大厅中条带状的大铁块是从位于澳大利亚皮尔巴拉的一处暴露区域发掘出来的，它可以追溯到大氧化事件。在这样的巨砾中，颜色较深的层通常是由一种叫作磁铁矿的铁矿物构成的；而红色的层则是一种被称为玉髓的二氧化硅的形式，这部分从埋藏的氧化铁中获得了那种红润的色调。深色与红色的交替，可能是因为古老地球上的季节变化。在比较温暖、阳光充足的月份，形成了更多的红色条带；而在比较寒冷且阴暗的月份，则形成了颜色更暗的条带。这是另一条线索，表明这块巨大的岩石部分是由早期生命的活动创造的。这些不规则的形状很可能代表了光合作用的细菌增殖和消亡的时间，它们在石头上留下了马赛克式的生长模式。

来自皮尔巴拉的岩石远不是这类岩石中的唯一一块。在每片大陆上都发现了条带状含铁建造[1]。这是一个全球性事件，它彻底改变了地球。而对生命来说，这一事件的后果也并非都是积极的。

改变生命的进程

大氧化事件也有没那么好听的名字，比如大氧化灾难（Great Oxygen Catastrophe），因为在当时，氧气对蓝细菌之外的许多早期生命形式来说是致命的。在蓝细菌广泛存在之前，地球上大多数生命都是厌氧的，也就是说，大多数生命不需要氧气。这在氧气稀少的时期，或者与丰富的铁结合的时期是很有利的。一旦氧气开始进入大气，让全球的含氧量接近如今的21%的水平，厌氧菌就会发现自己形势不妙。

光合作用的生物有效地创造了一种"毒药"，杀死了其他许多单细胞生物，并几乎导致了自身的灭亡。大气中新出现的大量氧气与甲烷结合，产生了二氧化碳。虽然两者都是温室气体，但甲烷比二氧化碳更有效，这意味着大气变化导致了地球温度急剧下降。无法忍受氧气的生物被迫退到氧气稀少的深海环境，而有能力使用氧气的单细胞物种则大量繁殖。留下的条带状铁代表了一场繁荣之后的可怕萧条，这彻底改变了可以在地球上繁衍生息的生命形式。

---

[1] 可以简单理解成富含铁的分层矿物。—— 译注

大峡谷

这个巨大的地质组[1]贯穿了美国亚利桑那州北部的高地沙漠，在霍皮语、纳瓦霍语、亚瓦派语和西班牙语中都有它的独特称呼。但对大多数人来说，它的名字是大峡谷（Grand Canyon），这是岩石上出现的一条446千米长的深深裂口，最深的地方超过1 800米。

虽然大峡谷作为一个游人众多的旅游景点而为人所知，但它同样是地质学家的梦之地。我们对地球及其历史的了解大多来自那些在我们所能到达之地偶然暴露出的岩石。当一个地方被草坪或者停车场占据时，我们就很难理解它背后的故事了。但在大峡谷，侵蚀像切开一个巨大的石层蛋糕那样划开岩石，展示出一幅深时的快照。

时间的层次

峡谷并不是一座静态的古代纪念碑。就像沙漠中其他的地质奇观一样，峡谷是由水和时间雕刻出来的。大约500万年前，古老的科罗拉多河曾流经这片区域。河水塑造着水底的石头，时至今日，这个过程依然如此，随着河流向下削着石头，它会变得越来越深，越来越窄。数百万年的侵蚀在古老的岩层中雕刻出峡谷，揭示了层层叠叠的数亿年历史。如果从峡谷边缘徒步到谷底，你就是在穿越时空。

▲ 在大峡谷国家公园（Grand Canyon National Park）展出的毗湿奴基岩（Vishnu Basement Rocks）样本

▶ 当你沿悬崖往下走时，岩层正带领你回到18亿年前

---

[1] 组（formation）在地质学上是岩性地层单位中的基本单位，通常指岩性特征相对一致且有一定结构类型的地层。—— 译注

大峡谷的顶部已经相当古老了。当你居高临下眺望，凝视远处的岩石荒野时，你正站在具有 2.8 亿年历史的凯巴布组（Kaibab Formation）上。这些岩石形成于**二叠纪**（Permian Period），也就是比恐龙更早的一段时期，那时，我们的原哺乳动物（protomammals）祖先及其亲属物种是陆地上的主要动物。古生物学家仍然不断在这些地层中获得新的发现。2019 年，专家宣布发现了一类名为阔齿龙的类似蜥蜴的动物，在北美洲仍是**泛大陆**（Pangaea）的一部分时，它们曾在这片地区游荡。

沿着峡谷往下走，你会在历史中越走越远，穿过托洛维组（Toroweap Formation）、科科尼诺砂岩（Coconino Sandstone）、苏佩群（Supai Group）[1]等，直到底部。这里有峡谷地区最古老的岩石，那是在约 18 亿年前的**前寒武纪**（Precambrian）时期形成的火成岩。

碰撞的陆块

大峡谷的许多岩层是沉积岩，是由河流和湖泊等环境中的沉积物逐渐积累而成的。但是，最底部的岩石有一种截然

---

[1] 群（group）是比组更高一级的地层单位，通常指多个相邻组的集合。——译注

不同的起源。专家把这些基础岩石称为毗湿奴基岩，以创造宇宙的印度教神灵命名。然而，这些岩石的起源并非和平事件。18多亿年前，如今大峡谷所在的地区属于一处海洋盆地，邻近一片史前山脉开始被推高的区域。海洋中的砂土、火山灰、从河流中冲来的粉砂和其他形式的沉积物在这里混合，它们都经历了一次巨大的变化。

尽管陆块的碰撞发生得极为缓慢，差不多只有每年几厘米的速度，但它仍然让人感觉是一种激烈的互动。大约18亿年前，至少有两个由火山活动形成的不同岛屿链（类似现在的夏威夷群岛）撞上了史前的北美洲。海洋沉积物被抬升到陆地，只不过又被后来的构造运动掩盖，埋在了地表之下近20千米的地方。来自地幔的热量，以及在地壳下受到挤压的压力，让这些海洋沉积物成了变质岩，地质学家现在称它为花岗岩峡谷变质岩套（Granite Gorge Metamorphic Suite）。

持续的过程

这些岩石还在变化。陆块碰撞的破坏，加上火山岛撞上古代大陆，导致岩浆从地壳互相叠压的地方渗出。地质学家将这里称为俯冲区。在这种情况下，岩浆从地球内部渗出，进入已经形成的岩石中，在这些岩石里形成火成岩侵入体。这个故事并不是那种有序的积累，而是我们的星球在推拉中折磨自己，古老的岩石在巨大的时间尺度上发生着转变，很久之后又在奔腾的水流作用下暴露出来。而且这个过程仍在继续。这些有故事的岩石最终会变成什么样子，还无人知晓。

▶ 大峡谷科罗拉多河上的马蹄弯（Horseshoe Bend）

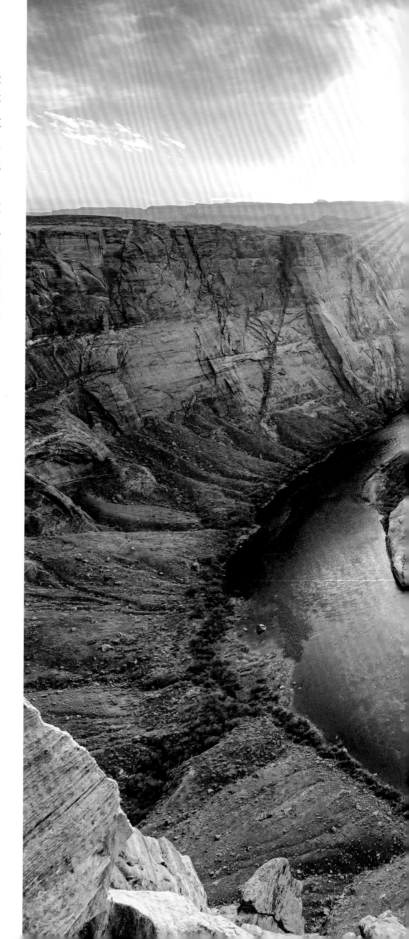

14.5亿年前

线粒体

过往时代一些最明显的证据会以高耸的古代岩石堆或者遥远恒星的燃烧等形式出现。
但在我们的身体里同样存在深时的痕迹。在我们的细胞内，藏在其他重要的细胞器之中的，
是一种被称为线粒体的小香肠形状的物体，它有一段迷人的历史，可以追溯到近15亿年前。

在我们的日常生活中，线粒体创造了我们运行基本生物功能所需的化学能。体内的化学物质由我们细胞内的线粒体转化成腺苷三磷酸，这种分子可以为其他细胞反应提供能量。正因如此，线粒体也被称为"细胞的发电厂"。

双层膜

除了基本功能，线粒体也有一些奇怪之处。线粒体被膜包裹着，但不是一层膜，而是两层膜。我们的细胞中没有其他细胞器是这样的。[1]事实证明，这种双层包裹标志着一个古老而重要的事件，它在生命的历史上只发生过一次。

在地球生命历史的大部分时间里，并不存在复杂的多细胞生命形式。早于6.5亿年前的大多数早期生命，也就是生命历史的绝大部分时候，都是由微观的单细胞生物组成的，它们要么自己制造食物，要么从环境中摄取食物。蓝细菌是生产者的一个例子，这些细胞能通过光合作用制造自己的食物，而以其他细胞为食的细胞则被归类为消费者，也可以叫异养生物。

内共生

异养生物的一种捕食方式是通过被称为**吞噬作用**（phagocytosis）的过程。你可以想想一种单细胞生物，比如变形虫。这种生物可以打开一个能包围那一丁点儿食物的口袋或褶皱，并完全围住食物，把它带入体内消化。然后，在历史上的某个时刻，大约是14.5亿年前，这些捕食细胞中的一个正试图吞噬另一个细胞，却发生了完全出乎意料的事情。潜在的晚餐被带进了细胞，留在那里成了细胞的一部分，这种现象被称为**内共生**（endosymbiosis）。

线粒体不再提供快餐，而是开始为宿主细胞制造能量。这被称为内共生理论。随着这些古老细胞不断繁殖，线粒体也应运而生。它们甚至有自己的DNA形式，称为线粒体DNA，在细胞繁殖时与核DNA一起传递。

这种线粒体DNA让细胞器在宿主细胞里永久安家。然而，单一的消化失败的例子还不够。宿主细胞必须能复制线

▶ **上图**　一个哺乳动物肺细胞中的线粒体

▶ **下图**　这张假彩色透射电子显微镜照片显示了肝实质细胞（肝细胞的主要类型）的细胞质中的许多线粒体（蓝色）

---

[1] 在大多植物细胞中，还有一种细胞器也有双层膜结构，它们被称作叶绿体。叶绿体同样被认为具有内共生的起源。—— 译注

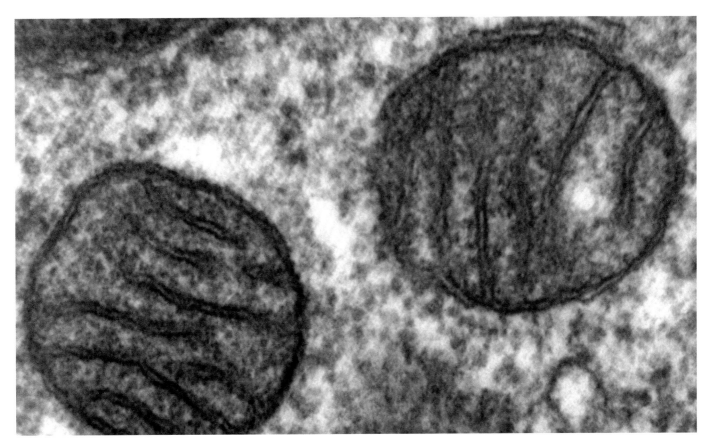

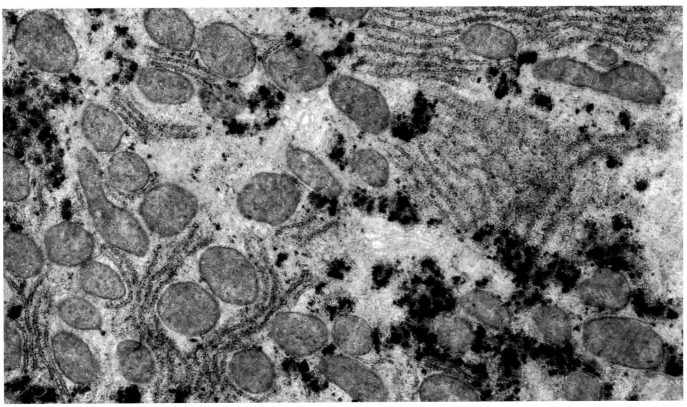

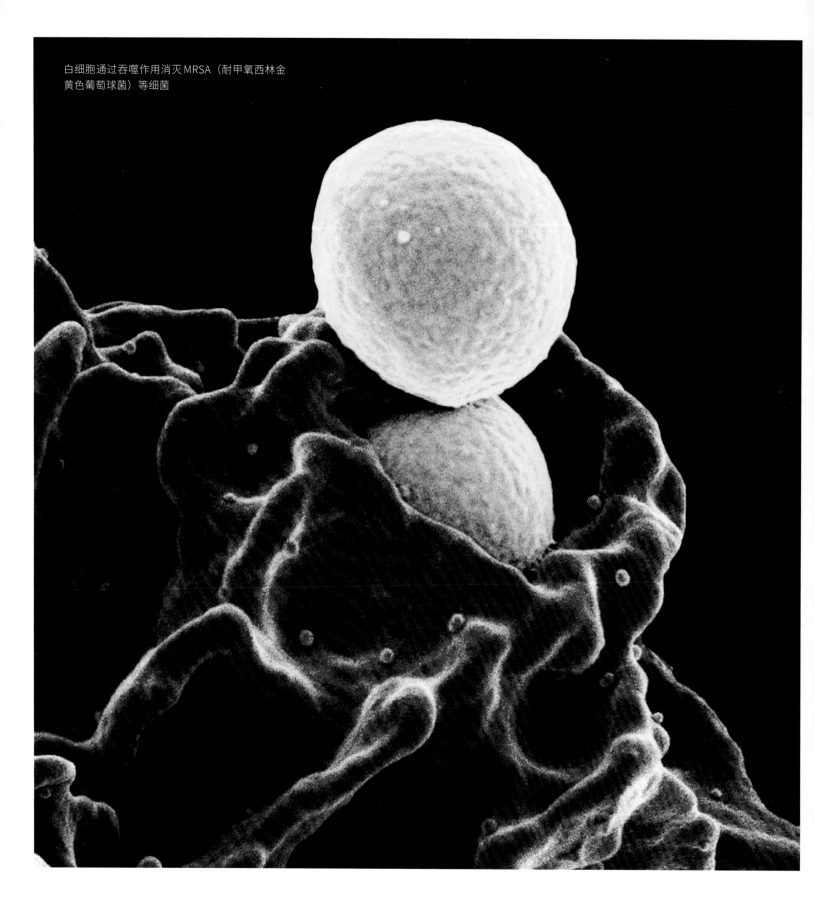

白细胞通过吞噬作用消灭 MRSA（耐甲氧西林金黄色葡萄球菌）等细菌

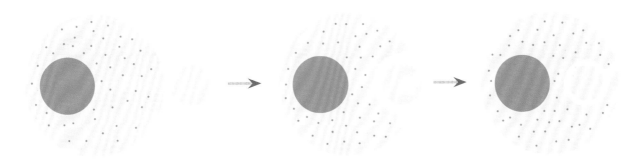

▲ 吞噬作用的三个阶段，也就是一个细胞吞噬另一个细胞的过程

粒体，并提供这种细胞器工作所需的基本部件。生物学家假设，可能发生的情况是，线粒体的一些DNA被转移到了细胞核中。不仅线粒体的物理实体成了细胞的一部分，现在细胞还有了制造线粒体的遗传指令，作为它持续世代的一部分。

就目前研究人员已经了解的而言，线粒体只存在于真核细胞内。这些细胞有一个明确封闭的细胞核，其中含有细胞的大量DNA。[原核生物（prokaryotes），也就是包括细菌在内的另一种主要细胞类型，没有细胞核或者被膜包裹的细胞器。]细胞内线粒体的数量可以有很大差距，即使是在同一个生物体内也是如此。例如，在我们的身体里，血细胞不含任何线粒体，而我们的肝细胞则包含2 000多个线粒体。

我们对线粒体及其历史的大部分了解来自研究细胞器现在是如何工作的。寻找这些古代细胞的化石是很困难的，尽管单细胞生物曾经随处可见，且一直如此，但条件必须恰到好处，才能将它们保存在岩石中。不过，通过寻找遗传证据，研究人员估计，我们细胞中的线粒体起源可以追溯到大约14.5亿年前。

单一的演化

如果这样的事件发生过一次，它还会再次发生吗？演化毕竟是以变异为基础的，想到只有一个细胞具备了线粒体被接纳进入细胞内部的适当条件，就很奇怪。但这可能就是真实发生的情况。没有证据表明有多种形式的线粒体或者任何形式的实验性阶段，让不同细胞将祖先的线粒体带进内部。

这种单一起源的最佳证据来自DNA。不仅线粒体有自己的DNA，而且所有已知的真核细胞都有共同的线粒体基因。这不是一个趋同演化的例子，而是所有线粒体共享着某些基因，无论它们是在松树中，还是在培养皿中摇曳的裸藻。

▲ 美国生物学家林恩·马古利斯（Lynn Margulis，1938—2011）于1967年首次提出了线粒体内共生理论，她的想法在多年后才获得认可

威廉·史密斯的英格兰地图

任何研究火成岩的地质学家一定都知道威廉·"岩层"·史密斯（William "Strata" Smith）这个名字。

这位19世纪的地质学家是该领域中的传奇人物，他因一个历史性的第一而闻名。

1815年，史密斯公布了英国的第一张地质图，也就是史密斯的英格兰地图。

地质图如今似乎已经司空见惯，就像在加油站的地图架上或者在在线地图上标出的几个坐标那般触手可及。但在两个世纪前，要弄清一片地区之下有哪些岩石，需要大量专业的工作。早期的地质学家不得不像他们所说的那样"走在露头[1]上"，看看哪些岩石暴露在哪里。但当岩石位于被田地、城镇或其他障碍物覆盖的地方之下时，或者同一层似乎被缝隙隔开的地方，事情就变得棘手了。

化石线索

威廉·史密斯有一个解决这些问题的办法。从带来了沧龙（Megalosaurus）等标志性动物的侏罗纪岩床，到包含曾经以该岛为家的鬣狗和大象遗骸的冰期沉积物，英格兰的许多岩层都有化石。更具体地说，英格兰的许多地质层都有无脊椎动物的化石，它们对生物地层学而言至关重要。

在使用锆石晶体的绝对定年技术发明之前的一个多世纪，史密斯将岩石在空间和时间上相互关联的能力便依赖于这些在岩层中发现的化石生物。他在开挖沟渠的过程中想到

了这个主意。有一段时间，史密斯在英格兰的运河上工作，他注意到化石在岩层中会以一种特定的顺序出现。如果你知道它们的顺序，就可以通过其中的化石弄清楚你看到的是更古老的岩石还是更年轻的岩石。史密斯称之为"动物群演替原理"，而这一原理最终为他史诗般的地图奠定了基础。

随着时间的推移，史密斯亲自绘制了超过17.5万平方千米区域的地图，覆盖了整个英格兰和威尔士。绘成的图像用了23种不同色调突出岩层，它是世界上第一张全面的国家地质图。这幅图高2.6米、宽1.8米。（这还不算额外的细节，比如伦敦和斯诺登之间的岩层表明了英格兰南部的岩石是如何向东南倾斜的。）史密斯给他的杰作命名的全称是《英格兰和威尔士及苏格兰部分地区的岩层描述；展示了煤矿和矿山、最初被海水漫过的沼泽和碱沼地，以及根据亚岩层的变化而划分的不同土壤种类，并以最具描述性的名称加以说明》（*A Delineation of the Strata of England and Wales, with Part of Scotland; Exhibiting the Collieries and Mines, the Marshes and Fen Lands Originally Overflowed by the Sea, and the Varieties of Soil According to the Variations in the Substrata, Illustrated by the Most Descriptive Names*）。

---

[1] 露头（outcrop）指地下的岩体、地层等露出地表的部分。——译注

▶ 史密斯的英格兰地质地图（也包括威尔士和苏格兰部分地区）

A
DELINEATION
OF THE
STRATA
OF
ENGLAND AND WALES,
WITH PART OF
SCOTLAND;
EXHIBITING
THE COLLIERIES AND MINES,
THE MARSHES AND FEN LANDS ORIGINALLY OVERFLOWED BY THE SEA,
AND THE
VARIETIES OF SOIL
ACCORDING TO THE VARIATIONS IN THE SUBSTRATA,
ILLUSTRATED by the MOST DESCRIPTIVE NAMES
BY W. SMITH

THE GERMAN OCEAN

THE IRISH SEA

FIRTH OF FORTH

ST GEORGE'S CHANNEL

CAERNARVON BAY

CARDIGAN BAY

BRISTOL CHANNEL

ENGLISH CHANNEL

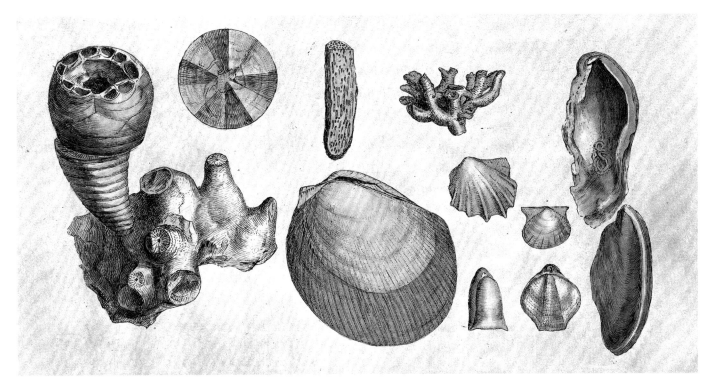

▲ 史密斯绘制的化石图，他根据化石发现的地层将其分类

▼ 石炭系[1]砾岩，其中布满了石榴石，它可以追溯到阿瓦隆尼亚

史密斯利用他作为测绘师的专业知识画出了这张地图，希望它能得到广泛的实际应用。农民、矿工和更多的人可以利用他的地图来计算出哪里是种植作物或开采煤炭的最佳地点。但史斯密地图的意义远不止于此，这张地图为英格兰的地质学起源故事提供了背景。

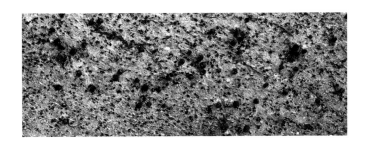

阿瓦隆尼亚

英格兰保存着许多不同年代的岩石，包括让西方研究人员首次看到远古时代生命的岩石组。但正如史密斯之后的那些科学家所发现的，英格兰和威尔士的大部分地区是由一片被称为阿瓦隆尼亚（Avalonia）的失落的微大陆构成的。这些大约有7.5亿年历史的岩石是这片地区新石器时代基础的见证。

阿瓦隆尼亚的起源可以追溯到古代火山。在地壳的一个褶皱处，一个构造板块在被称为俯冲的过程中被缓慢推到了另一个板块之下，岩浆从这里渗向地表，在史前海洋中形成了岛屿。随着时间的推移，板块的运动导致火山热点和所形成的新岩石相互推开，创造出了一个火山岛弧。这些岛屿聚集成一个微大陆，随着古老的阿瓦隆尼亚成为超级大陆泛大陆的核心部分，这些岛屿也继续随着地球板块移动。

但合久必分。随着泛大陆解体，阿瓦隆尼亚的残余部分也被带走了。一片巨大的海洋裂缝，也就是早期的大西洋，将部分阿瓦隆尼亚分流到两侧，成为北美洲东部、爱尔兰南部和英格兰西南部的一部分。这些岩石构成了其他许多岩石的基础，它们形成自地球本身，被推拉压扯，是动物生命诞生之前的古老世界的残存。

[1] 石炭纪内沉积的地层被称为石炭系地层。其他地质"纪"同理。——译注

雪球地球

地球，这颗蓝色星球……当想到我们的家园时，无论是现在还是过去，

我们通常会想象一个充满活力、丰富多彩的地方，蔚蓝的海洋和绿色的土地生机勃勃。

但在大约6.5亿年前，也就是地球上第一批动物演化出来的时候，世界可能已经变成了一颗巨大的冰球。

专家把这称为雪球地球假说（Snowball Earth hypothesis）。有人提出，在蓝细菌氧化地球大气之后很久，大约在海绵等早期动物演化出来的时候，整个地球的温度骤降。冰川延伸到了热带地区，大部分海洋都覆盖着冰雪。整个世界就像如今的南极洲那般寒冷。

意外的冰川作用

雪球地球的关键证据来自在不应该出现冰川的地方发现的冰川证据。早在1871年，地质学家就发现，巨大的冰盖曾经覆盖并塑造了之前被认为很温暖的古代环境。这种冰川作用的大部分证据来自冰碛岩，也就是被冰弄碎并运输的小块岩石，它们通常被带到了远离原产地的地方。

人们发现证据的一个地方是挪威的罗伊施冰碛（Reusch's Moraine），以其发现者、挪威地质学家汉斯·罗伊施（Hans Reusch，1852—1922）命名。沉积在这里的岩石是在5.41亿年前的新元古代（Neoproterozoic）形成的，是在砂岩上留下的冰碛岩。这些砂岩一定是大量冰的基础。沿着砂岩表面分布的条纹表明，冰在这片景观上留下过伤痕，就像冰川在其他时间和地点所做的那样。

▲ 左边为地质学家汉斯·罗伊施，右边是他的同事瓦尔德玛·布罗格（Waldermar Brøgger），二人带着他们的工作工具

▶ 澳大利亚南部弗林德斯山脉（Flinders Ranges）的岩石显示了新元古代冰川作用的证据

澳大利亚的冰

当罗伊施在19世纪末记录下这个地方时，冰碛岩似乎只是一种奇怪的现象。直到20世纪中叶，澳大利亚地质学家道格拉斯·莫森（Douglas Mawson）在澳大利亚南部的新远古界[1]岩石中发现了冰川的证据，整个世界可能曾被冰封的概念才受到关注。莫森的同事并不相信这一点。然而，在莫森提出这种想法之后不久，英国地质学家 W. 布赖恩·哈兰德（W. Brian Harland）重新提出了地球曾是冰天雪地的观点。哈兰德研究了格陵兰岛和斯瓦尔巴群岛的冰碛岩的形成时间和地点，发现这些地方的古代岩石曾经在热带地区形成，而且它们显示出了冰的痕迹。

反照率反馈

美国地质学家约瑟夫·基尔史文克（Joseph Kirschvink）在1992年创造了"雪球地球"一词来描述我们星球历史上的这段时间。这个想法的拥护者认为，导致全球冰冻的事件是这样的：冰不仅寒冷，还非常善于反射来自太阳的光，也就是反射热。研究人员称之为冰-反照率反馈（ice-albedo feedback）。冰越多，就有越多来自太阳的能量和热被反射到太空中。这就带来了冷却效应，导致温度下降，除非有一种缓解的力量，比如火山活动向空气中喷出温室气体。全球温度越低，冰川就会进一步扩张。研究人员估计，当古代冰川扩张到赤道附近25度的纬度范围内时，反馈回路已经强大到足以让赤道结冰。

大约6.5亿年前被冰刮过的石头是以上设想的关键证据。即使认识到板块构造带来的大陆随时间的移动，似乎也有温暖的地方出现了冰的迹象。除此之外，一些地质学家提出，条带状含铁构造在这个时候重新出现了。如果是这样，那么条带状的石头就表明海洋中含有的溶解氧下降了，这种情况可能是由冰雪覆盖的海洋造成的，在这种情况下，蓝细菌无法继续光合作用，导致氧气产生放缓，当环境最终解冻时，氧气又增加了。

[1] 新元古代内沉积地层有时被称为新远古界地层。其他地质"代"同理。—— 译注

颇具争议的证据

并非所有专家的想法都被这种设想动摇了。适当年龄的岩石很难找到，也很难相互关联起来。除非能被精确地定年到同一时间，否则6.5亿年前的石头可能记录了几千年或数百万年间的环境变化。而且，批评者指出，许多归因于冰川的条纹和落石可能是由其他方式造成的。岩石记录可能是很微妙的，外观并不总是与认为的假设匹配。

奇怪的是，这一时期的化石记录并没有表明出现了集群灭绝（mass extinctions）。在适当的时间窗口，也就是专家口中的成冰纪（Cryogenian），并没有迹象表明我们所知的生物消失殆尽或者受到了深层冰冻的约束。也许这些生命形式没有受到严寒的影响，或者找到了避难所，比如热液喷口附近。这也可能表明，雪球地球更类似于一颗"雪泥"地球，又或者一些专家误读了岩石记录。就目前而言，答案仍然埋在古老的石头中。

▲ 位于美国弗吉尼亚州的混杂陆源沉积岩。这种冰川砾岩在雪球地球时期形成，含有13亿年前的花岗岩碎屑

◄ 海冰会反射阳光，通过冰-反照率反馈加剧全球变冷

伊迪亚卡拉山

如果你想仔细看一看地球上的早期生命，没有比澳大利亚更值得探访的大陆了。这里不仅有古老的叠层石，阿德莱德以北的伊迪亚卡拉山（Ediacara Hills）[1]还保存着动物生命早期演化的狂野阶段的记录。

就科学家目前所知，第一批动物是在约7亿年前演化而来的。不过，这些动物和如今的哺乳动物、昆虫、鱼类或海葵都不一样。动物是指不会自己制造食物的多细胞生物，它们是由执行着不同功能的各类组成构件细胞组成的生物。这就是让海绵成为动物的原因，即使它不怎么移动，也没有眼睛或四肢等特征。动物可以有许多不同的形式。

奇怪的形式

到了大约5.75亿年前，早期动物已经远远超出了由多个细胞组成的球体的范围，而是包含了各种各样稀奇古怪的形式。我们从伊迪亚卡拉山发现的化石中知道了这一点。一些化石与今天活着的动物有关，还有一些则非常奇怪，似乎难以分类。

没有人想到会发现这个**埃迪卡拉纪（Ediacaran Period）**的花园，它的发现是一个意外。1946年，澳大利亚矿业地质学家雷金纳德·斯普里格（Reginald Sprigg）在阿德莱德郊外的岩石中探查时，在古老的前寒武纪砂岩中发现了奇怪的印

[1] 又称埃迪卡拉山，在这里发现了著名的埃迪卡拉动物群，地质学上的埃迪卡拉纪得名于此。在本书中，地名统一译为"伊迪亚卡拉"，而相关动物群及地质时期则译为"埃迪卡拉"。——译注

▲ 蚯蚓状的斯普里格蠕虫（*Spriggina*）是埃迪卡拉生物群（Ediacaran biota）中众多难以分类的动物之一

▶ 埃迪卡拉海洋中的生命可能包括固定在海床上的类似植物的动物

记。这些化石是什么还不清楚，许多是扁平的、像煎饼一样的印记，或者是类似鱼鳞的形状，让人联想到水母和蠕虫。

神秘的化石

　　这片地区常见的化石之一是狄更逊水母（*Dickinsonia*），斯普里格于1947年首次描述了这种水母。想象一只蚯蚓被压扁成圆形的一团，宽度从几毫米到超过1米不等，你就知道它的模样了。多年来，古生物学家并不能肯定如何对狄更逊水母分类，甚至不知道它的解剖结构到底是什么样的。不同专家提出，狄更逊水母可能是一种真菌、一种水母、一种地衣或者一个完全消失的生物界的一员。最近，地球化学分析发现，狄更逊水母的化石含有胆固醇的痕迹，这是一种仅由动物细胞制造出的生物分子，它的存在表明，这种奇怪的生物属于我们所在的动物界。

　　在同一片岩石中发现的其他生物更难以名状。看看斯普里格蠕虫，这是一种为了纪念斯普里格本人而得名的生物。这种化石带有一个弯曲的部分，似乎是某种头部或者是固定在一个类似叶状的较长部分上的锚。从一个角度看，斯普里格蠕虫就像一个长了头盾的蠕虫；从另一个角度看，它看起来像海百合或者可以固定在海床上的其他类型的动物。专家已经确认斯普里格蠕虫是一种动物，但是到目前为止，还没有人能自信地分辨出它是我们更熟悉的动物的古老亲属，还是属于一个已经完全灭绝的类群。在同一地点发现的其他化石，比如圆盘状的三分盘虫（*Tribrachidium*）也一直难以分类，有待更多化石和分析。

　　所有来自这一特定时期的动物被称为埃迪卡拉生物群。并非这一类群的所有化石都来自澳大利亚南部。例如，在英格兰的森林里，古生物学家在类似年代的岩石中发现了一种叫作查恩虫（*Charnia*）的叶状动物。但伊迪亚卡拉山对古生物学家而言是早期生命丰富的狩猎场之一，这个群落的演化标志着一个重要节点，即生命从一个纯粹的微生物世界变成了一个具有各种不同生命形式的世界。

物种的爆炸式增长

这个巨大的变化可能与雪球地球假说有关。如果地球的大部分地区被冰覆盖，也许达到了海洋中光合作用减缓的程度，那么大规模冰川的消退将极大地改变海洋化学。早期的动物是原始的多细胞形式，已经在冰天雪地中演化了，而回到更温暖、富含氧气的条件下，可能为动物发展新的生态位提供了新机会。这种生态上的反复可能解释了为什么埃迪卡拉生物群会突然出现，这是一些古生物学家所说的阿瓦隆大爆发（Avalon Explosion）的一部分。

与坚固的叠层石或者其他古代生物不同，埃迪卡拉的生命形式并没有幸存下来。到了5.41亿年前的**寒武纪**（Cambrian Period）初期，像斯普里格蠕虫和狄更逊水母这样的生物已经消失了。也许这些生物是由于演化才消失的，那些埃迪卡拉物种演化成了在寒武纪崛起的新生命形式。或者，我们所知的埃迪卡拉动物是早期演化的一部分，最终被不同的动物物种分支所取代。我们尚不清楚当时的情况，但不管是什么情况，这些古老的怪异动物标志着一场演化狂欢的开始，并一直持续到了今天。

▲ 狄更逊水母化石。胆固醇的存在表明这是一种动物

◀ 伊迪亚卡拉山的布拉齐纳峡谷（Brachina Gorge）是一片化石极丰富的区域

伯吉斯页岩

在加拿大不列颠哥伦比亚省的高山上，有一片散落着大量化石的古老海底遗迹。

伯吉斯页岩（Burgess Shale）正是古生物学家梦寐以求的"化石仙境"。

伯吉斯页岩中的一些化石是人们耳熟能详的，比如大量三叶虫（Trilobites），正是它们让人们注意到了这片区域。但其他许多化石仿佛来自另一个世界，为了将它们分类，专家努力了多年。这里的石头中藏着一整个动物园，这些动物拥有复眼、用于抓取的附肢、尖锐的护甲、能碾碎目标的口器等，它们都是专家口中寒武纪生命大爆发（Cambrian Explosion）时期的主要代表。

搜寻三叶虫

没人知道是谁最早发现了伯吉斯页岩。19世纪80年代，化石收集者开始从这片地区带回标本。科学界的说法是，这个地方适合搜寻三叶虫，这是一类大体上长得像虫子的古老节肢动物，它们在海底爬行，受到威胁时可以像潮虫一样蜷缩起来。这则小道消息引起了美国古生物学家查尔斯·杜利特尔·沃尔科特（Charles Doolittle Walcott，1850—1927）的注意，他于1909年前往这一地区，而他发现的东西远远不止三叶虫。当沃尔科特和家人找到了传说中的化石床时，他们开始发现5.08亿年前的化石，这些化石在解剖学上令人难以理解。蠕虫并不完全是蠕虫，水母看起来又不像水母，还有像奇虾（Anomalocaris，"奇怪的虾"，似乎只有一个没有头的身体）这样完全神秘的东西。

沃尔科特年复一年地回到这里，剥开史前的页岩，找到压缩在里面的生物。沃尔科特和助手总共收集了超过6.5万份样本。这个收藏太庞大了，以至于沃尔科特本人都没能抽出时间来研究并命名所有他发现的新动物。当沃尔科特有机会描述这些动物时，他经常把它们与说得通的现代动物群体联系在一起。比如，一种叫作皮卡虫（Pikaia）的动物留下的软体小型线条，被沃尔科特归类为一种类似蚯蚓的古代蠕虫。

▲ 第一份完整的奇虾化石，证实了它不是虾，而是一个更大的无脊椎动物

▶ 三叶虫化石，正是它们吸引了收藏家来到这一地区

新的分类

皮卡虫并不是一种蠕虫,它要有趣得多。后来,研究人员发现,这种动物属于最初的脊索动物,或者说是有骨架的动物的前身。奇虾也并不是一种虾。第一块带有这个名字的化石实际上是一种更大动物的一部分,这种动物的各个部分通常是分开保存的。当整个动物的化石被发现后,才终于帮助人们弄清了这些奇怪的碎片,奇虾原来是一种1米长的无脊椎动物,它有复眼,头部下方伸出尖锐的附肢,还有一张快门一样的嘴。

在沃尔科特的发现中,有一种动物被命名为怪诞虫(Hallucigenaia),因为它看起来格外怪诞。这种动物是如今的天鹅绒蠕虫的带刺版本,但它的解剖结构非常奇怪,以至于古生物学家最初对它的重建完全颠倒了。另一个例子是后来发现的欧巴宾海蝎(Opabinia),它是节肢动物的远亲,有5只眼睛,躯干尖端长着一只爪子,身体看起来就像龙虾的尾巴。据说,当这种动物的第一张图片在一次科学会议上被展示出来时,古生物学家都笑了,他们最初以为这是个笑话。

古老的祖先

沃尔科特和其他研究人员收集的各种生物是生活在古老珊瑚礁周围的动物留下的壮观化石。这些软体动物通常不容易变成化石,而这里惊人的保存程度要归功于水下的细泥层,这些细泥杀死了这里的生物并将它们保存下来。尽管从现代的角度来看,其中许多动物稀奇古怪,但古生物学家发现,这些寒武纪的"怪物"中有许多是如今存活的动物的远亲。奇虾是一种早期的节肢动物(属于包括昆虫和甲壳动物在内的一群动物),而皮卡虫可能是我们的祖先之一。当然也有一些奇怪的动物,比如马瑞拉虫(Marella)看起来就像科幻电影中的微型星际飞船。伯吉斯页岩记录了一个特别的时期,动物生命在这一时期迅速变得更加复杂,我们今天所见的动物群体正开始出现。

是什么造成了这种早期生命的爆发式发展?科学家有几种想法,而且可能不止一种是正确的。寒武纪水体中的氧气水平上升,使动物能更有效地呼吸,并且越长越大。矿物钙的含量也在增加,这是因为大陆上的岩石被侵蚀,其中的内含物被冲入大海,更多的钙为构建坚硬的身体部位提供了原材料。视力的演化可能发挥了一定作用,早期的捕食者和被食者开始了一场猎人和猎物之间的演化军备竞赛。微小的变化对生命产生了重大影响,产生了我们所知的一些最早的复杂食物网。而这仅仅是开始。

▲ 查尔斯·杜利特尔·沃尔科特于1913年和他的儿子西德尼(Sidney)及女儿海伦(Helen)一起搜寻伯吉斯页岩

◀ 伯吉斯页岩动物在海洋中生活的场景。图片中间是奇虾,左上角是皮卡虫,底部的带刺生物是怪诞虫

舌 石

化石是史前的事实，它们是骨头、足迹、树叶、贝壳和其他古代生命的残骸。

但对化石的科学理解只有大约两个世纪的时间。在此之前的几个世纪里，"化石"只意味着

从地下挖出的东西，它们与深时、演化或灭绝毫无关系，鲨鱼的牙齿被误认为是"舌石"。

当把化石牙齿与现在的牙齿做比较时，人们的观点才开始改变。

需要明确一下，这种混乱主要发生在欧洲的学者之中，而他们最终为科学及其哲学支柱奠定了基础。很多早期博物学家很难将他们在《圣经》中读到的内容与自然的事实相调和，其他人则没有这样的挣扎。例如，北美洲的许多原住民文化都正确地认识到，化石骨头和脚印是很久以前生存并死亡的生物留下的遗迹。化石成为故事和文化认同的一部分，所有这些都是通过理解"留下化石的东西曾经是活着的"这一事实达成的。

人们发现化石并思考其意义的历史超过了10万年——这是一个包含着棘皮动物化石的石器的年龄，属于似乎是有意制造的穿越时间的众多石器。但随着关于地球年龄和生命历史的思想在不同文化中的改变，化石的意义也被神话和迷信所掩盖。例如，在17世纪的欧洲，人们根本不认为化石与史前生命有关。

神话和意义

对于古代的贝壳、牙齿和其他化石究竟代表着什么，人们并没有达成共识。生活在公元1世纪的罗马博物学家老普林尼（Pliny the Elder）提出，看起来像牙齿化石的东西实际上是月食期间从天而降的。后来的学者意识到，贝壳和牙齿看起来像它们现代生物的对应物，但声称它们实际上是假的。在这种观点中，化石是地球模仿生命的尝试。毕竟认为骨头化石是由土壤创造的，比将化石与史前时期相协调要容易一些。另一种想法是以鲨鱼牙齿化石为中心，并断言这些锯齿状的三角形是石化的蛇的舌头变成的石头。这些舌石（glossopetrae），也就是"舌头的石头"，被认为具有魔法属性，可以抵抗毒药或毒素。

1666年在意大利里窝那海岸捕获的一只大白鲨是改变舌石说法必不可少的催化剂。这只鲨鱼的口中全是三角形的牙齿，它被带到了佛罗伦萨，由丹麦解剖学家尼古拉斯·斯泰诺（Nicolas Steno）负责检查。斯泰诺细细查看了这个脱水的头部，意识到这些巨大的牙齿很眼熟，它们与舌石很像，以至于在斯泰诺对鲨鱼头部的描述中，一颗鲨鱼化石牙齿被画在了一颗真牙的旁边。

▶ 尼古拉斯·斯泰诺于1668年绘制的大白鲨的头部和牙齿

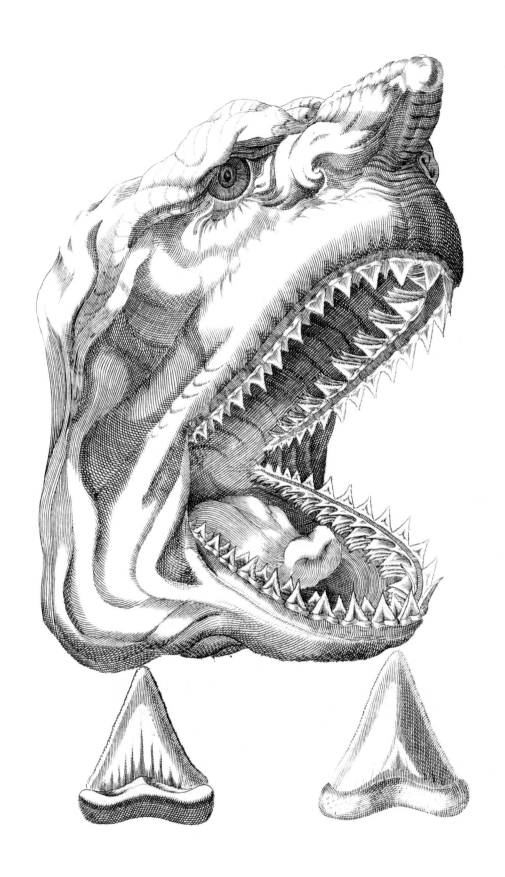

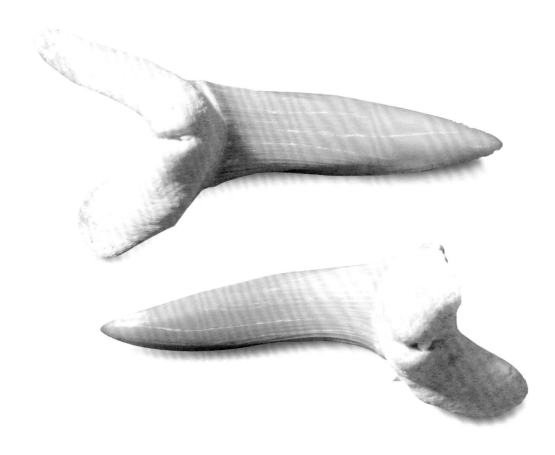

▲ 可以追溯到上白垩统地层[1]的鲨鱼牙齿化石

◀ 一只大白鲨露出了可怕的獠牙

重新思考地质学

鲨鱼头和类似牙齿的物体之间的联系令斯泰诺百思不得其解。他无法否认，这些牙齿就是生活在很久之前的鲨鱼的牙齿，但他怎么才能提供证据呢？斯泰诺开始思考地质学的细节，引出了两个问题：一是这些牙齿有多古老，二是在海洋中沉积的化石为何会出现在干燥陆地上的岩石中。

鲨鱼的牙齿一定是沉积在海底，然后被沉积物覆盖，但是海洋动物的化石怎么会出现在陆地上呢？为了解释这个问题，斯泰诺概括了一条原则，如今的地质学家称其为"地层层序律"。在一组没有倾斜或改变的典型地层中，较古老的岩石在底部，而较年轻的岩石则在顶部。因为新的沉积物会沉积在已有的沉积物之上，随着时间的推移形成层次。在欧洲山区发现的贝壳和牙齿是在古代海洋中沉积的，时过境迁，海枯石烂，最终让化石层高出了海平面之上。

尽管斯泰诺的想法并没有立刻大获成功，但他的著作启发了其他博物学家，让他们可以顺藤摸瓜。还有更多重大的想法有待发现，比如灭绝和演化，但是，到了17世纪末，化石作为古代生命记录的现实已经再也无法被否认。

---

[1] 上白垩统地层对应晚白垩世的地质时期。——译注

奥陶纪–志留纪灭绝事件

在生命的历史中，有些时候灭绝率会激增，危机和灾难在一个狭窄的时间窗口内扫荡大量物种。
此类事件被称为集群灭绝，到目前为止发生了5次。第一次发生在4.4亿年前，
被称为奥陶纪–志留纪灭绝事件（Ordovician-Silurian Extinction）。

灭绝是演化的对立面。每个新出现的物种最终都会消失，要么灭绝，要么被后代物种取代。这就是为什么古生物学家有时会说，99%曾经存在过的物种都已经灭绝了。物种随着时间的推移趋于消失的速率被称为背景灭绝。例如，在恐龙的全盛时期，单个恐龙物种在消失或者以子代物种的形式留下后代之前，往往能持续存在约100万年。集群灭绝事件则涉及多个数量级的物种快速消失。

奥陶纪动物群

古生物学家在研究**奥陶纪**（Ordovician Period）岩石时，感知到的世界就像另一颗星球一样陌生。当时，没有动物生活在陆地上。事实上，在这一时期的大部分时间里，也不存在陆地植物。动物完全被限制在海洋中，无脊椎动物占据着主导地位。在寒武纪生命大爆发之后，整个动物群落形成了水下生态系统，其中充斥着三叶虫、被称为腕足动物的有壳动物、早期鱼类、原始头足类等生物，它们游弋在古老的珊瑚和被称为海百合的类似植物的生物中。

即使从太空中看，那时的地球看起来也非常不一样。世界上大部分陆地聚集成一个巨大的超级大陆，它叫作**冈瓦纳古陆**（Gondwana）。这片超级大陆横跨南半球，在整个奥陶纪中逐渐向南移动。而这对地球上的生命来说可能是个坏消息。

先冷后暖

像延伸到南极的超级大陆这么大的东西，对地球具有重大的影响。奥陶纪的世界是温暖的，但随着冈瓦纳古陆滑过南极，气候骤然变冷。随着海水结冰，巨大的冰川开始在冈瓦纳古陆周围形成。海平面随着冰层的堆积而下降，这对全世界生活在有阳光照射的温暖浅层水体中的各类生物来说是个非常糟糕的消息。然后，几乎就像全球气候变冷一样迅速，气候很快又变暖了。海洋的迅速变暖导致水体中氧气耗尽，同时也给生命带来了暂时的毒性。

这种冷热交替让许多生命形式难以应付。奥陶纪–志留纪的灾难是集群灭绝，它有两次高峰，中间相隔约100万年，

▶ 上图　奥陶纪的浅水里生活着丰富的生物

▶ 下图　巨三叶虫（*Dikelokephalina*）化石，一类在奥陶纪广泛存在的三叶虫

造成约85%的已知海洋物种消失。这是地球历史上第一次出现生物多样性突然暴跌的情况。

　　但令人惊讶的是，这次集群灭绝事件似乎并没有导致太大的改变。所有在奥陶纪蓬勃繁衍的主要动物类群，包括珊瑚、鱼类、三叶虫、头足类等，都有成员存活到下一个时期，也就是志留纪。事实上，奥陶纪－志留纪灭绝事件最奇怪的一点是，它并没有从根本上改变海洋的性质，至少没有立即改变。

　　在集群灭绝期间，生物多样性的严重降低往往使得新的生命形式在既有秩序被削弱或消失时得以蓬勃发展。例如，**白垩纪（Cretaceous Period）**末的集群灭绝消灭了所有非鸟恐龙，并且让哺乳动物有了可进入的新生态位。但在奥陶纪－志留纪灭绝事件之后，生态系统并没有从根本上重组。尽管一些动物群体完全消失了，比如三瘤虫属（trinucleid）的三叶虫，它们长得就像微型宇宙飞船一样，还有一种叫伛偻贝属（*Plaesiomys*）的有明显棱纹的腕足动物属，但每个主要类群都有足够的物种幸存下来，在海洋中重新繁衍生息。

适应性强的幸存者

　　大多数幸存者是通才。比起那些局限于某些条件或食物来源的特化物种来说，幸存者可以适应更大的温度范围，吃下更多种类的食物。一些动物类群再也没有恢复到原先的水平。在寒武纪和奥陶纪，三叶虫的数量惊人，多样性令人难以置信，但它们的多样性在灭绝事件中被削减了大约70%。三叶虫仍然存在，但再也没有恢复到之前的数量。

　　随着时间的推移，生命悄悄地回来了。志留纪的海洋中生活着从灭绝事件幸存者中演化而来的广泛物种，而不是一些特化的、独特的物种。随着时间的推移，这些物种产生了在整个星球上大量繁殖的子代物种。集群灭绝之后约500万年，海洋中存在的物种数量已经弥补了灭绝的损失。地球上的生命第一次与集群灭绝擦肩而过，它们走了大运。

▲ 一个保存完好的板足鲎化石，这种节肢动物在灭绝事件中幸存下来，数量在志留纪大大增加

◀ 一只在志留纪海洋中遨游的板足鲎。这个已经灭绝的类群包括有史以来最大的节肢动物，有些物种体长可达2.5米

3.9亿年前

腔棘鱼

查尔斯·达尔文（Charles Darwin）是一位高瞻远瞩的博物学家。他不仅意识到自然选择的机制可以解释
生物之间超越性的变化，还认识到同样的现象可以解释为什么有些物种根本没有变化。
对于没有发生变化的物种，最惊人的例子是一类被称为腔棘鱼的鱼。

达尔文在他撰写的名著《物种起源》（*On the Origin of Species*，1859年）中提出，鸭嘴兽和肺鱼等看似古老的物种之所以存活至今，是因为它们生活的环境一直没有改变，因此不需要发生巨大的适应性变化。达尔文认为，像这样的动物，"几乎可以被称为活化石"。即便如此，生物学家还是经常对那些与在化石记录中发现的动物非常相似的现存动物感到困惑；更奇怪的是，一些他们认为早已灭绝的生物似乎仍旧生龙活虎。这就是令科学家震惊的腔棘鱼，一种被认为灭绝了6 600万年的鱼类。

偶然的发现

1938年圣诞节的前两天，南非拖网渔船船长亨德里克·古森（Hendrik Goosen）带着当天的渔获返回港口。古森与当地博物馆馆长马乔里·考特尼-拉蒂默（Marjorie Courtenay-Latimer）是朋友，因此他打电话给这位科学家，问对方是否愿意来看一眼自己的渔获。特别是，古森告诉拉蒂默，拖网捞起了一条非常奇怪的鱼，与渔民之前见过的所有鱼都不一样。船员们把这条鱼放在一边方便这位科学家检查——他们做了一件正确的事。当拉蒂默看到这条鱼时就知道它很特

别，她后来形容这是她见过的最漂亮的鱼。

拉蒂默努力让其他研究人员承认这条奇怪的鱼，她将这条鱼做成标本保存下来用于科学研究。最终，鱼类专家J. L. B. 史密斯（J. L. B. Smith）证实了拉蒂默的预感。这条滑溜溜的游动者是一条腔棘鱼，一种非常古老的鱼类，被认为是与霸王龙属（*Tyrannosaurus*）差不多同一时期灭绝的。这艘拖网渔船就像是把一只恐龙从深海中拉了出来。

腔棘鱼的全盛时期是在很久远的过去，所在科中的第一个物种是在**泥盆纪（Devonian Period）**初期演化而来的，距今约3.9亿年。腔棘鱼和你在池塘里找到的鱼天差地别，它们属于肉鳍鱼。这类鱼拥有肉质的鳍，就像一个肌肉和皮肤制成的手套，覆盖在有关节的骨骼核心外面，而不是像鳟鱼或鲑鱼的鳍那样在放射状的细线上伸展着薄膜。事实上，在比3.9亿年前更早的时候，我们与腔棘鱼有一个共同的祖先，我们的胳膊和腿是这些鱼类典型的肉质附肢的改进版。

▶ 上图　*Undina penicillata* 化石，这是一种生活在侏罗纪的腔棘鱼
▶ 下图　现存的腔棘鱼物种西印度洋矛尾鱼的骨架

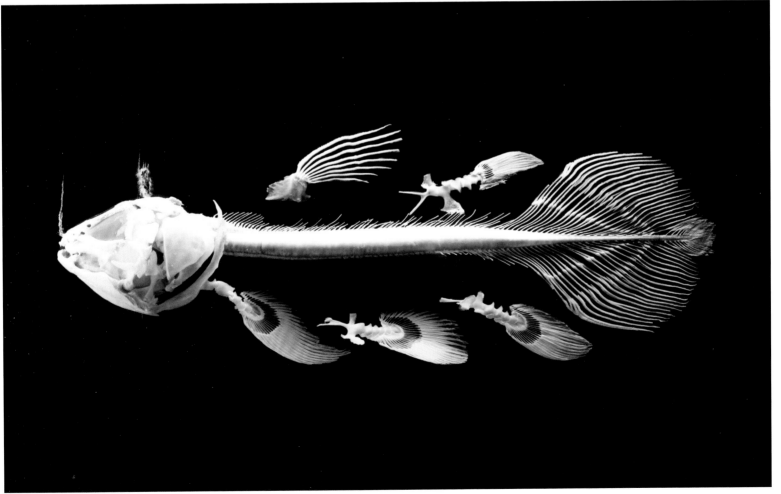

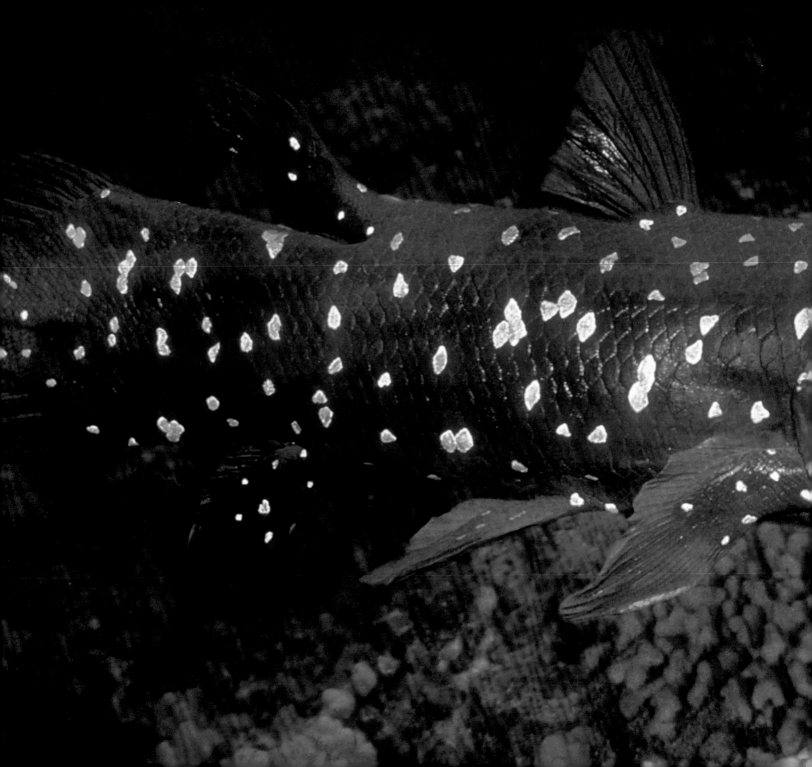

多样的类群

数千万年来，腔棘鱼在世界的海洋和淡水水道中繁衍生息。在第一批恐龙演化出来的时期，也就是约2.35亿年前，腔棘鱼的多样性达到了顶峰，有些小到可以握在手里，其他的则长达4米。然而，到了白垩纪末，腔棘鱼完全消失了。

没有人想到腔棘鱼会幸存下来，因为它们的化石记录完全消失了。即使到了今天，也没有人发现过去6 600万年中明确的腔棘鱼化石。古生物学家推测，腔棘鱼的明显减少只是化石记录的一种假象。如果腔棘鱼从浅水河流和海岸线转移到了深水区域，发现其遗骸的概率就会降低。深海沉积物在化石记录中极难找到，这可能掩盖了这些鱼幸存下来的事实。

为了纪念拉蒂默的发现，史密斯将第一个现存的腔棘鱼物种命名为*Latimeria chalumnae*（西印度洋矛尾鱼）。这种鱼生活在南非、马达加斯加和莫桑比克附近的深海中，体长可达2米。虽然你可能在博物馆的陈列柜中看到过幽灵般的白色标本，但活体鱼的颜色是一种灿烂的蓝色，其中点缀着白色。

第二个物种

也许比拉蒂默最初的发现更令人惊讶的是，不止一个腔棘鱼物种存活至今。1997年9月18日，生物学家阿纳兹·埃德曼（Arnaz Erdmann）和马克·埃德曼（Mark Erdmann）在印度尼西亚旅行时，在马纳多图阿岛（Manadotua）的市场中发现了一条奇怪的鱼。这对夫妇将他们拍的照片发布在网上，引起了一位鱼类专家的注意，后者意识到这是一个独特的物种。1999年，它被命名为印尼矛尾鱼（*Latimeria menadoensis*）。

虽然腔棘鱼有着活化石的称号，但存活至今的腔棘鱼并不是它们泥盆纪祖先的碳复制品，它们适应了深海而非浅水的生活。如今的科学家可以对腔棘鱼开展基因测序，研究人员发现，不同腔棘鱼种群具有不一样的遗传标记，也就是说，这些鱼仍在不断演化。有时缓慢而稳定也会赢得生命的竞赛。

◀ 腔棘鱼沿海底游动的艺术还原图

泥盆纪后期灭绝事件

古生物学家在真正理解这些灾难性事件之前就已经发现集群灭绝。
其中最令人费解的一次似乎是在约3.76亿年前到3.6亿年前发生的若干次高峰事件。
它被称为泥盆纪后期灭绝事件（Late Devonian Extinction），其原因和意义一直被激烈争论着。

19世纪和20世纪早期，当专家为世界地层和其中的生物编目时，发现地球上的生命在快速变化之中似乎出现了明显的断档。一些人认为，巨大的灾难动摇了生命的秩序，对一些生物有利而对其他生物则不利。另一些人则觉得，这些事件只是不完整的化石记录带来的人为现象，这种转变实际上是渐进的。还有人认为所有这些变化都是进步的标志，代表着生命的复杂程度越来越高，通过鱼类时代（Age of Fishes）、爬行动物时代（Age of Reptiles）和哺乳动物时代（Age of Mammals），一直到目前我们人类主宰的时代。

随着时间的推移，古生物学家开始意识到，这些独特的断档并不是化石记录的幻觉。有时，灭绝会在地质尺度上的瞬间击溃整个生物类群。然而，这些事件并非都发生在漫长地质时期之间的交界处，比如奥陶纪-志留纪的大灾难（详见第80页）。有时，集群灭绝似乎也会发生在一个地质时期的中间，比如泥盆纪后期灭绝事件。

鱼类时代

虽然这个术语不是最科学的，因为当时还有许多其他生命形式，但泥盆纪完全可以被称为鱼类时代。鱼类的祖先，比如伯吉斯页岩中的小型游泳者皮卡虫，从寒武纪生命大爆发时就已经存在了，但早期的脊椎动物在数千万年里一直处于局外人的角色。头足类、三叶虫和奇怪的板足鲎（也叫海蝎，详见第82~83页）是海洋中的主角。但在泥盆纪期间，从4.19亿年前开始，鱼类的演化真正开始了。海洋中充满了鲨鱼、硬骨鱼、腔棘鱼、七鳃鳗等鱼类的古老亲属，其中也包括脊椎动物的祖先，它们最终将演化出四肢并爬出湿地，在陆地上安家。

古老的森林

超级大陆冈瓦纳古陆在这个时期仍然是世界上的主要陆块，占据着南半球的大部分地区。还有其他的陆块，比如位于赤道的一片叫作**劳亚大陆（Laurussia）**的古陆，但冈瓦纳

▶ 上图　一个典型的泥盆纪珊瑚礁系统，以盾皮鱼邓氏鱼（placoderm *Dunkleosteus*，中上）、翼肢鲎（*Pterygotus*，左上）、沟鳞鱼（*Bothriolepis*，右下）、菊石（右上）和胸脊鲨（*Stethacanthus*，左中）为特色

▶ 下图　鳍甲鱼属（*Pteraspis*，左）是一个无颌鱼的属，它们在泥盆纪后期灭绝

古西伯利亚

冈瓦纳古陆

古陆仍囊括了世界上大部分陆地。那里有许多植物。在志留纪，能够脱离水生活的小型藻类和植物进一步爬上了陆地，并开始形成古老而高耸的森林。昆虫发现这些绿色食物美味得无法抗拒，这也给了它们跟着踏上陆地的动力，并在水边为早期长着四条腿的鱼提供了活饵。

但在泥盆纪最后一个时间区间之初发生了一些事情，这是在这一时期更早的弗拉斯期（Frasnian）和更晚的法门期（Famennian）之间的一段时间。这次灭绝的故事跨越了数百万年，在3.72亿年前，当时海洋中的氧气水平似乎出现了骤降，这就是古生物学家口中的凯尔瓦塞事件（Kellwasser event），而在此之前的大约2 000万年，背景灭绝率似乎略有上升。随后，在3.59亿年前，出现了另一个灭绝高峰，被称为罕根堡事件（Hangenberg event），它影响了水中和陆地上的生命。这种生物多样性危机并不像小行星撞击地球引发的危机那般明显。相反，它是一个漫长的过程，在这个过程中，物种消亡的速度比它们被替代的速度要快。在这一时期，一些生命形式永远消失了，包括盾皮鱼——一类被骨甲覆盖的早期有颌鱼类。

下降的氧气

这些灭绝发生的时间之长，让它们变得难以研究。在灭绝的早期阶段，海洋氧气骤降。地质学家发现了来自这一时期的缺氧页岩。这些岩石几乎没有显示出生命的迹象，它们是由古代海底淤泥构成的，其中几乎没有氧气。在这一时期之前数量众多的无颌鱼类受到了影响，因为它们专门吸食底部的残骸。

生命本身可能在这个过程中发挥了积极作用。灭绝的后期影响到了陆地上的生命，这可能是早期树木造成的结果。足够大的植物用它们的根破坏石头，可能创造出了更多的松散土壤，这些土壤随后被冲入河流，进入海洋中，使得水中富含营养物质。营养物质的增加导致藻类的大量繁殖，而这反过来又造成了氧气的骤降。有时，一些生物演化上的成功对更多生物而言反而是不利条件。

▲ 泥盆纪时期的陆地分布，当时陆地集中在南半球

◀ 含有化石的泥盆纪老红砂岩（Devonian Old Red Sandstone）延伸到整个北大西洋地区，范围西起北美洲东北海岸，东至挪威

煤

如果孩子们在圣诞夜之前不听话，就会被警告圣诞袜里会被塞上煤。但一位有志向的年轻古生物学家
收到这样的礼物可能会很兴奋。这是因为世界上大部分煤都是时间胶囊，来自一个不寻常的时代。
彼时，昆虫能长成庞然大物，茂密的森林覆盖着整片大地。

你可以从**石炭纪**（Carboniferous Period）这个名字猜到它的意义。从3.59亿年前一直到2.99亿年前，这是一个大量碳被埋藏并转变为煤的时期，而这并不是石头的非生物性偶然事件。古代生命与世界各地石炭系岩石中发现的大量煤层密不可分。

巨型植物群和动物群

石炭纪是地球上生命发生巨大变化的时期。海洋开始有点像今天的样子；仍然存在像三叶虫和长着螺旋状壳的菊石这样的古代怪物，但也有大量鱼类。在陆地上，泥盆纪期间遍布各处的大片森林继续生长并变化着，在这些怪异的史前丛林中，树蕨等古老的植物可以长得像红杉一样高，外面有鳞片状的树皮。其中一些树木长得实在太高了，以至于植物不得不演化出一种新的生物物质来构筑支撑组织，防止倾倒，这种物质被称为木质素。

陆地上也变得更加拥挤了。到石炭纪初期，无脊椎动物，包括蜻蜓、千足虫、蜘蛛等动物的原始表亲，已经在陆地上安家数百万年了。多亏了一些早期的陆生动物在泥盆纪末以节肢动物为食，脊椎动物的数量也变得更加丰富，其中

许多是两栖动物，类似于大鲵，它们可以冒险走上陆地，但必须保持皮肤和卵的湿润。但其中一些生物适应了陆地上更干燥的条件，变得能够产下带有防水壳的卵。这种壳可以防止发育中的胚胎干枯。这些动物被称为羊膜动物，在第一批羊膜动物在陆地上安家后不久，爬行动物和哺乳动物最初的先驱就已经分道扬镳，开始了各自独立的演化。

▲ 彼得足蝾（*Pederpes*），一种1米长的石炭纪四足动物

▶ 典型的石炭纪植物群

▲ 这种石炭纪的昆虫化石的翼展为68厘米

◀ 加拿大一处老矿区的裸露煤层

原木堆积

这种生命的多彩在很大程度上是由先锋植物促成的。森林在之前坚硬的土壤中生根发芽，这些原始的树木长得又粗又高。让树木可以长成这样的木质素还有另一种作用，这种坚韧的材料让树木在死亡和倒塌后更难分解。能够分解木质素的细菌还没有演化出来，或者在这方面还不是很有效，导致这些古树在石炭纪的沼泽里堆积如山。

过量的植被，无论是死是活，带来了两个主要后果。第一个后果与自蓝细菌时代以来具有叶绿体的生物一直在做的事情有关——植物会产生大量氧气。如此多的植物带来了大量光合作用，使得大气中充满了氧气。不过，这次生物并没有灭绝，而是有能力利用这一恩惠。昆虫通过身体上被称为气门的小孔呼吸，甚至可以更有效地呼吸，并演化到前所未有的大小。例如，类似千足虫的节胸属（*Arthropleura*）达到了两米多长，看起来就像一块巨大的、有鳞的地毯。早期的两栖动物同样受益于此，它们通过柔软皮肤呼吸的能力使种群数量增多，并且变得非常巨大，想象一下，一只牙齿锋利的蝾螈可以长到和鳄鱼差不多大。

这就到了煤登场的时候了。植物从大气中吸收二氧化碳，利用它来构建自己的身体。但石炭纪的生物在分解这些植物方面效率很低，所以沉积在沼泽中的倾倒树木和其他绿色的东西并没有腐烂，而是等待着被埋葬。随着时间的推移，伴随着热量和压力，它们就变成了煤。每当我们燃烧这种化石燃料时，就会将碳释放回大气中。人类造成的气候变化部分就是由于燃烧史前沼泽的残骸造成的。

2.52亿年前

大灭绝

卡鲁（Karoo）位于南非的中心地带，面积达40万平方千米。在这片环境艰苦、灌木丛生的沙漠中，山谷和陡崖展示着很久之前的岩石。当许多古生物学家想要了解地球生命史上一次最糟糕的事件时，就会来到这里，这次事件就是二叠纪－三叠纪灭绝事件（Permian–Triassic Extinction），它还有一个更广为人知的名字——大灭绝（Great Dying）。

在2.99亿年前至2.52亿年前的二叠纪世界，原哺乳动物是陆地上主要的生命形式，它们是我们的祖先和亲属，由于它们混杂的特征，这些令人困惑的生物曾被称为"类哺乳动物的爬行动物"。原哺乳动物有些是体态笨重、像猪一样的植食性动物，长着类似鸟喙的嘴和突出的獠牙；另一些则是健步如飞的食肉动物，有着军刀般的牙齿。复杂的生态系统已经发展出来，这些动物在陆地上占据了主导地位。

爬行动物的崛起

三叠纪（Triassic Period）的世界格外不同。在这一时期，也就是2.52亿年前到2亿年前，剩下的原哺乳动物非常少。生态的火炬传递给了爬行动物，包括早期的恐龙。二叠纪结束了**古生代**（Paleozoic Era），三叠纪拉开了中生代的序幕，它们被世界上有史以来最严重的大灭绝所分割。

所有集群灭绝都是巨大而突然的，但从数量上来看，第三次灾难是最糟糕的一次。陆地上约70%的已知物种死亡，海洋中约81%的已知物种消失。海洋中多样化的珊瑚礁群落和陆地上复杂的森林栖息地都只剩下了古生物学家所知的"幸存分类单元"（survivor taxa），也就是相对较少的幸存物种分布各处的衰落景观。例如，长着獠牙的原哺乳动物水龙兽（*Lystrosaurus*）是在这场灾难中幸存的少数原哺乳动物之一，它们在灾难发生后分布在被削减的栖息地中，其中除了种子蕨几乎没有其他植物。

▲ 异齿龙（*Dimetrodon*），一种二叠纪早期的原哺乳动物

▶ 这些灭绝是由火山活动造成的

▲ 卡鲁沙漠（Karoo desert）中一处被侵蚀的岩层

火山喷发

是什么能从根本上破坏地球的生态系统，同时还能为幸存者提供一个新的开始？答案来自地球本身。规模空前的猛烈火山喷发迅速改变了一切，从大气到海洋无一幸免。

在主要事件之前，还发生过一次规模更小的灾难。大约2.6亿年前，古中国的峨眉山暗色岩（Emeishan Traps）[1] 倾泻出大量的熔岩和甲烷等温室气体。这些喷发并没有将熔岩大量喷向空中，更像是地球上化脓的伤口，让熔岩涌出。这种特殊的喷发脉冲似乎与相对古老的原哺乳动物的消失有关，也就是那些类似背上长着帆状结构的异齿龙的动物，但并没有造成广泛的栖息地破坏。

位于今俄罗斯的西伯利亚暗色岩（Siberian Traps）的第二次更大规模的喷发让情况严重恶化了。这些火山同样渗出、涌出着熔岩，火山岩覆盖了约200万平方千米的范围。这是一大片土地，但是，几乎杀死了地球上所有生命的并不是这些汤一样的火山产物。罪魁祸首是这些火山投向空中的气溶胶和碎片，外加熔岩燃烧了被掩埋的煤床，释放出了更多二氧化碳。

[1] 峨眉山暗色岩位于今中国四川省，由溢流玄武岩形成。—— 译注

级联灾难

向大气的输出带来了几个后果。首先，格外厚的灰尘遮蔽了阳光，暂时阻止了光合作用。这对陆地和海洋环境而言都是坏消息，因为浮游生物的光合作用是生态系统的基础。其次，温室气体最终溶解在海洋中，使海水变成微酸性，这让造壳和造礁生物，也就是二叠纪生态系统的重要组成部分更难建造它们的盔甲和家园。

更为严重的是，喷发的气体量太大了，以至于空气中的相对氧气量下降。生物很快就喘不上气了。某些生命形式比其他一些的情况要好。原哺乳动物的呼吸方式与我们相似，它们大口地呼气、吸气，挣扎着寻求空气。相比之下，许多爬行动物的呼吸更有效率，它们有一个单向的系统，进入的空气能帮助将已经耗尽氧气的空气排出。（这也是为什么今天鸟类在高海拔地区的表现比我们要好。）爬行动物已经预先适应了灾难之后的生存和发展。

这些影响并不是瞬时的。喷发创造了一套不断变化的环境，生物需要努力去适应。即使当火山喷发的灰尘和碎片沉降下来，温室气体仍在推动全球变暖的脉冲，给幸存的物种增加压力。暴露在卡鲁的许多岩石跨越了二叠纪和三叠纪的世界，记录了一个世界让位于另一个世界的变化。

二叠纪两栖动物西蒙螈（*Seymouria baylorensis*）的化石

爬行动物入侵水中

当古生物学家说到爬行动物时代时，焦点往往会落在恐龙这样的陆地巨兽身上。
像剑龙（*Stegosaurus*）和霸王龙这样的生物似乎是大型爬行动物成功的缩影。但同一时期，
爬行动物同样在海洋中蓬勃发展。它们形状、大小各异，从今天海龟的祖先到不同于任何现存物种的
真空脸的食藻动物。

虽然想想很不可思议，但在比2.5亿年前更早的时候，并没有类似于鲸、水獭或海豹这样的古代生物。据我们所知，海洋中所有生物的祖先都是在那些环境中演化并留在那里的。即使原哺乳动物在二叠纪期间遍布地球，似乎也没有任何一种动物适应了半水生或海洋生活，它们仍然是彻头彻尾的陆地动物。直到爬行动物的兴起，四足动物才扭转了演化方向；它们的祖先曾经从水中爬出，而现在它们正回到水中。

回归海洋

海洋爬行动物在2.49亿年前开始大量出现，古生物学家认为这是一个相当快的转折，因为大灭绝"仅仅"在300万年前才撼动了整个星球。在中国南方发现的化石表明，这是第一批海洋爬行动物开始适应海洋生活的时候。

随之而来的是适应海洋的爬行动物的爆发。事实上，三叠纪是历史上生活在海洋中的大型爬行动物最多样化的时期，其中一些能关联到如今我们身边的生物。生活在2.2亿年前的齿龟（*Odontochelys*）是一类古老的海龟，身上部分覆盖着一个由展开的肋骨构成的外壳，它古老到嘴里仍然长着

牙齿。而像生活在2.45亿年前的滤齿龙（*Atopodentatus*）则太奇怪了，以至于在我们看来，这种生物就像来自另一个世界。这种海洋爬行动物有一条长长的尾巴，还长着粗壮的四肢，头部形状像一个倒置的"T"，口中长满了细小的牙齿，这些牙齿被认为在刮除近岸岩石上的海藻时非常有用。

还有许许多多的动物。一些谱系，比如浑圆的楯齿龙是在三叠纪演化而来的食贝动物，但到三叠纪末期已经不复存在。长脖子的奇怪长颈龙（*Tanystropheus*）走的是一条类似的路径，它们会在浅滩上飞速追逐小型食物，但缺乏演化的持久力。更奇怪的是湖北鳄，这些生物只存在于一个100万年的时间窗口里。这些爬行动物看起来像是东拼西凑起来的，它们有修长的下巴、桨状的鳍、背上长着高大的刺，还有交错的骨头作为身体的护甲。湖北鳄这样的演化空前绝后，古生物学家把它们的保护性骨骼结构看作大型海洋捕食者在早期演化的标志。

但三叠纪并不只有这些绝无仅有的生物。长颈、四足的蛇颈龙（*Plesiosaurus*）的祖先就是在三叠纪从一群类似早期爬行动物的被称为皮氏吐龙（*Pistosaurus*）的生物开始演化的，它们是后来侏罗纪和白垩纪海洋中的主要生物。数量更

▲ 巨型楯齿龙（*Placodus gigas*）的骨骼。楯齿龙是一个海洋爬行动物的属，这类生物在三叠纪中期的浅海中游动。在欧洲中部和中国都发现了楯齿龙的化石

丰富的是**鱼龙**（*Ichthyosaurus*），也就是"鱼一样的蜥蜴"。最早的鱼龙在外形上和鳗鱼差不多，它们可能会像现在的海蛇那样游动。然而，随着时间的推移，鱼龙演化出了用半月形的尾巴划水和用鳍掌舵的能力，就像鲨鱼一样。一些鱼龙成了顶级捕食者。到三叠纪末期，出现了威猛的秀尼鱼龙（*Shonisaurus*）。这类鱼龙能长到座头鲸那么大，满嘴的牙齿每一颗都比你的拇指指甲还要大；它的演化是为了捕食其他海洋爬行动物或者它能抓到的任何东西。

正确的地点，正确的时间

问题是，为什么爬行动物会如此热情地一头扎进水里？即使在爬行动物时代结束后，原哺乳动物的后代也没有出现这种不同形式的扩张。爬行动物有一些特别之处，使它们能以其他脊椎动物做不到的方式进入水中。

最早的羊膜动物（也就是原哺乳动物和爬行动物的祖先）能够产卵，从而在干旱的陆地上谋生。但卵并不总是产在地面上。正如我们从许多现代爬行动物身上认识到的那样，一些物种会将卵留在体内，直到小家伙孵化后再出现，这就是爬行动物版本的活产。

原哺乳动物很可能具有这种活产的能力，但是在它们的大部分历史中，海洋中已经充斥着体型巨大的生物，大到足以让任何试图游动的小毛球成为食物。在二叠纪末期的集群灭绝清扫了障碍之后，爬行动物才能冒险进入水中，并随着海洋的恢复开辟新的生态位。爬行动物在正确的时间出现在了正确的地点，带来了令人印象深刻的物种激增。

鲸鱼大小的秀尼鱼龙正在捕食类似鱿鱼的箭石

2.33亿年前

恐龙的黎明

第一只恐龙并不是一只高大壮硕的爬行动物。最早的"可怕的蜥蜴"的大小和德国牧羊犬差不多。
这种瘦小的生物有一个小脑袋，长着叶子形状的牙齿，还有长长的脖子、纤细的腿和锥形的尾巴，
身体覆盖着鳞片和绒毛。这种生物还完全不是什么统治者。事实上，数千万年来，
在一个由鳄鱼表亲主宰的世界里，恐龙一直处于旁观者的位置。

在三叠纪，许多不同形式的爬行动物在陆地、海洋和天空中开发了新的生态位，但最成功的类群是**主龙**（archosaur）。主龙的名字可以理解为"主导的爬行动物"，这么说的理由非常充分。虽然主龙家族的最早成员是在二叠纪演化而来的，但这些爬行动物在古代生态系统中处于相对边缘的位置，直到二叠纪末期的集群灭绝改变了这一切。高效的呼吸系统让主龙得以幸存，而那些幸存者在一生中相对较早的时期就达到了性成熟。这意味着主龙能通过更频繁地产下大量的蛋来超越其他爬行动物，阻止繁殖缓慢的原哺乳动物拿回它们之前的主导地位。

主龙演化系统树

想要了解在更大的主龙家族中发现了谁，从现在开始回溯很有帮助。如今还有两类活着的主龙亚群，分别是鸟类和鳄类。如果我们沿着这两个谱系追溯到它们最后的共同祖先，那么每一个介于鸟类和鳄类谱系之间的过往谱系都是主龙。这不仅包括恐龙，因为鸟类只是恐龙的一种形式，而且还包括已灭绝的类群，比如三叠纪演化出的长着皮质翅膀的会飞翼龙。

在三叠纪，演化系统树中的鳄类表现得非常好。这些动物被称为**假鳄类**（pseudosuchian），但它们与我们今天所知的那些水生伏击捕食者截然不同。在三叠纪，鳄鱼的亲属主要生活在陆地上，它们的腿长在身体下方。这类生物有些体型非常小，身形瘦长，就像鳄鱼和灵缇犬杂交得到的样子；还有一些是可怕的捕食者，它们拥有纵深的大脑袋，长着锯齿状的牙齿；而更多的则很像早期的恐龙，已经独立演化出了用两条腿跑动的能力。

第一批恐龙

早期的恐龙还需要一些时间来多样化成我们知道并喜爱的一系列形式。我们所知最早的疑似恐龙被称为尼亚萨龙（*Nyasasaurus*），这是一类生活在2.43亿年前的爬行动物，发现于坦桑尼亚的三叠系岩石中。我们确定的来自这些动物的少量骨骼，与另一个被称为西里龙（*Silesaurus*）的三叠纪类

▶ 从英格兰北部一个采石场的三叠系砂岩中发现的一块鳄鱼亲属的脚印化石

- 104 -

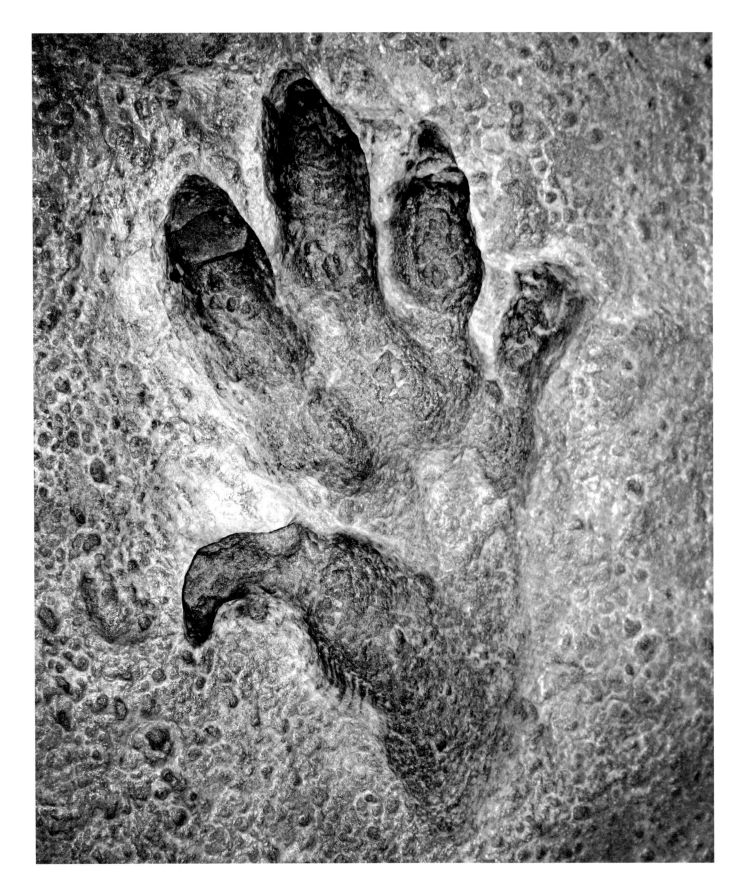

群的骨骼非常相似。我们从粪化石中得知，它们以甲虫和植物为食，是一种古老的杂食动物，与占据主导地位的假鳄类共同生活。第一批恐龙就是这些爬行动物祖先略加修改的演化版本。

在随后的几百万年里，恐龙开始占据新的生态位。一些恐龙越来越具有捕食性，会扑向小型蜥蜴和原哺乳动物，它们演化出了向内弯曲的更锋利的牙齿，并且会用两腿站立。这些就是最早的**兽脚类**（theropod），也就是"长着野兽一样的脚的"恐龙。其他一些恐龙会进食更多植物，体型开始变大——也许是为了免受肉食动物的攻击。这些恐龙被称为蜥脚类，它们是一类奇怪的爬行动物，头很小，脖子极长，长着爪子，身体通常依靠两条腿支撑。后来，由于体型最大的那些物种的身躯需要更多支撑，它们就变成了四条腿站立。古生物学家推测，另一个主要的恐龙类群，也就是**鸟臀类**（ornithischian），同样是在这一时期演化而来的，但它们的化石非常罕见。

微小的数量

即使在包括霸王龙、迷惑龙（Apatosaurus）和剑龙的遥远祖先在内的庞大恐龙家族建立起来后，这些动物也没有立刻就主宰它们所在的生态系统。它们通常数量稀少，分布

稀疏。例如，在美国西南部的化石沉积中，古生物学家只发现了小型肉食恐龙。蜥脚类和鸟臀类也在附近，但它们是在其他生态系统中被发现的，而且数量往往很少。即使严格来说，三叠纪确实是恐龙的黎明，但它们只是一个更广泛故事的一部分，早期的恐龙花了数千万年的时间，才开始演化成如今在博物馆展厅随处可见的那种特征形式。

如果三叠纪世界的状况就这样一直持续下去，恐龙可能仍然只是一首宏大的爬行动物交响曲中的一种表现形式。假鳄类很有可能一直当道，它们似乎完全有能力扮演与许多早期恐龙一样的生态角色。但是发生了一些事情，让恐龙获得了先手，或者说是先"爪"。另一次集群灭绝，也就是地球生命历史中的第4次集群灭绝事件，正是爬行动物时代变成恐龙时代的原因。

▲ 位于一处水坑的一个大椎龙（*Massospondylus*）家族，这种大型的蜥脚类恐龙生活在早侏罗世

◀ 帝鳄，一种晚三叠世的大型肉食假鳄类

三叠纪－侏罗纪灭绝事件

从一个角度看，集群灭绝是灾难，是急速发生的致命事件。在这类事件中，许多演化分支会被永久地砍掉。但在地球所遭受的每一次集群灭绝中，总有一些物种在灾难之后得以生存并发展。

事实上，如果不是一次集群灭绝，我们在地球生命史上最喜欢的一个时代就不会到来。

恐龙时代不只是以一次集群灭绝而终结的，它也是以一次集群灭绝开始的。

在三叠纪末期，也就是大约2.01亿年前，爬行动物欣欣向荣。巨大的海洋爬行动物在海中游荡；鳄鱼的表亲和早期恐龙在陆地上奔跑；长着牙的翼龙在空中飞掠展翅。今天由哺乳动物占据的几乎每一个生态位，在晚三叠世都是由爬行动物填补的。随后，全世界的生物群再次被火山喷发破坏，喷发让世界变冷，接着又变热。

熔岩洪水

晚三叠世是泛大陆的鼎盛时期。泛大陆是由地球上所有主要的陆块组成的中心大陆。在泛大陆的中间，位于史前美洲和史前非洲之间，坐落着地质学家口中的中大西洋岩浆区（Central Atlantic Magmatic Province，简称CAMP）。与导致二叠纪结束的火山活跃地区一样，这些热点在大片土地上渗出了溢流玄武岩。地质学家估计，三叠纪末期的喷发最终覆盖了大约1 100万平方千米的范围。从今天的摩洛哥到巴西再到美国东北部，仍然可以找到这些面积广阔的玄武岩的残余。把这些碎片拼凑在一起，你就会得到一张经过泛大陆中心的地质伤口地图。

那些被熔岩覆盖的栖息地自然被喷发破坏了，但最具破坏性的影响来自与熔岩一同释放的大量灰、尘、二氧化碳和二氧化硫。这些影响与二叠纪末期的情况非常相似。一些二氧化碳和二氧化硫被海洋吸收了，这些化合物的突然涌入导致海洋酸化。造壳生物再次遭遇了建造外壳的困难，从菊石到浮游生物无一幸免。

气候同样发生了翻天覆地的变化。大气中大量二氧化硫可能引发了快速的全球变冷。对爬行动物的演化格外友好的温暖三叠纪世界很快终结了。尽管许多三叠纪的爬行动物可能不是冷血动物，但它们的体温仍然可能随着气温变化而波动，或者缺乏保温措施，无法在更严酷的寒流中保持温暖。和之前一样，火山喷发进空气的大量二氧化碳为寒潮过后的全球变暖创造了条件。那些有能力应对寒冷的动物很快就发现自己要面对一个比之前更炎热的世界。

所有这些变化，从阳光照耀下的海水，到泛大陆的内陆丛林，导致了许多生命形式的消失。海洋中多达34%的已知

▶ 火山喷发产生的熔岩形成了与冰岛斯瓦蒂佛斯（Svartifloss）类似的玄武岩柱

属死亡，某些完整的生物类群消失了，比如类似鳗鱼的牙形虫，由于它们曾经数量格外丰富，成了古生物学家在生物地层学中的最爱。在陆地上，许多鳄鱼的亲属彻底灭绝，比如被称为坚蜥的身披盔甲的植食动物，以及被称为裸热龙的肉食性两足猎手。最后，零星的原哺乳动物也不复存在，留下了最早的哺乳动物来继承它们的演化遗产。

　　集群灭绝是一种严重事件，许多生物类群会在事件中丧失部分的多样性，即使一些谱系中的成员能幸存下来，也会遭受削减。但是恐龙似乎对三叠纪-侏罗纪灭绝事件（Triassic-Jurassic Extinction）并不在意。兽脚类、蜥脚类和鸟臀类都存活了下来，并且"波澜不惊"地迈入了侏罗纪最初的时光。

被绒毛保护着

　　是什么让恐龙拥有如此强的生命力？答案可能藏在绒毛

和细毛组成的外套中。古生物学家一直在收集证据，证明早期恐龙（还有它们会飞的翼龙亲属）的身体至少部分覆盖着简单的、类似头发的绒毛，或者叫原始羽毛。就像绒毛能帮助雏鸟保温，抵御巨大的温度波动一样，恐龙用于保温的原始羽毛和早期哺乳动物的毛皮可能让它们有能力抵御最严重的寒流，并在温度再次上升时避免过热。根据身体覆盖物的不同，出现了孰生孰死的分野，而长着鳞片的鳄鱼谱系受创最大。有时候，毛茸茸的身体确实具有生存优势，而恐龙利用这个幸运的转机开始了它们的全球崛起。

▲ 有鳞的主龙波斯特鳄（*Postosuchus*）是晚三叠世的大型肉食爬行动物之一，但它们并没有存活到侏罗纪

▶ 插画展示了躺在干涸河床中的雷东达龙（*Redondasaurus*）骨架。这种大型植龙没能从三叠纪-侏罗纪灭绝事件中幸存

施耐德–佩莱格里尼地图

当孩子们观察世界地图时，会一次又一次地发现一件事：非洲和南美洲的形状似乎很契合。这两片就像巨大的大陆拼图，明显很相配。但是，地质学家花了一些时间才对这种匹配的含义达成一致。

当然，我们现在已经知道，非洲和南美洲在过去很长时间里的确是相连的。大陆漂移和板块构造是地球历史上的事实。从各大洲的岩石到曾经生活在那里的生物化石都强化了这一观点。但是，科学家确实是花了一个多世纪才接受了我们可以在地球仪上清楚看到的东西。

1858年，法国地理学家安东尼奥·施耐德–佩莱格里尼（Antonio Snider-Pellegrini）出版了一本名为《揭开创世及其奥秘》（*La Création et ses mystères dévoilés*）的书。书中有两张以南半球为中心的地图。在其中一张地图里，南美洲和非洲的粗略图示位于它们如今在地球上的位置；而在另一张地图中，两者相连，北美洲和欧洲则在上方紧密相连。施耐德–佩莱格里尼提出，这些大陆曾经是相连的，而且他的猜想并不仅仅基于地理形状。

相连。如果是这样，那么南美洲和非洲应该也是连在一起的。

施耐德–佩莱格里尼并不是第一个提出这种想法的人。3个世纪前，地图绘制者亚伯拉罕·奥特里乌斯（Abraham Ortelius）就提出，美洲曾经与欧洲和非洲相连，只是后来被洪水和地震拽走了。然而，没人注意到奥特里乌斯的说法。没有理由认为像大陆这么大的岩石块可以移动，而且这种猜想显然与神学解释相抵触，因为神学解释认为世界被创造出来时就是完全成形的。施耐德–佩莱格里尼的想法也遭遇了相同的对待。但即使其他专家承认大陆与海岸线相匹配，也没有机制能解释如此巨大的全球变化。就化石证据而言，许多专家倾向于认为这些生物是在多个创世中心独立形成的，或者存在着早已消失的陆桥，让生命得以遍布世界各地。

支持的化石证据

根据施耐德–佩莱格里尼的估计，南美洲和非洲在石炭纪时期是彼此相连的。他写道："证据来自植物化石。"欧洲和北美洲的石炭纪植物遗骸是一样的，这暗示着这些大陆曾经

▲ 德国探险家和地球物理学家阿尔弗雷德·魏格纳（Alfred Wegener，1880—1930）

▶ 上图 安东尼奥·施耐德–佩莱格里尼的地图展示了"分离前"和"分离后"

▶ 下图 魏格纳的泛大陆地图

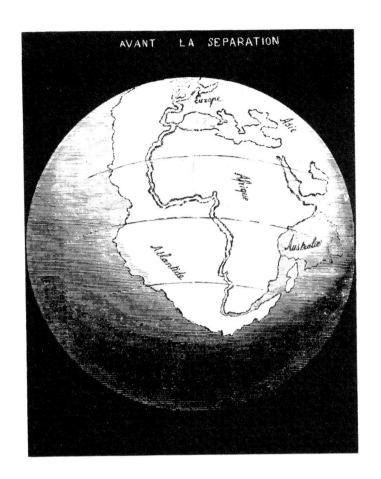

AVANT LA SEPARATION

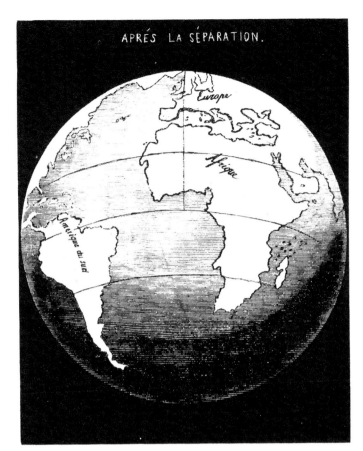

APRÉS LA SÉPARATION.

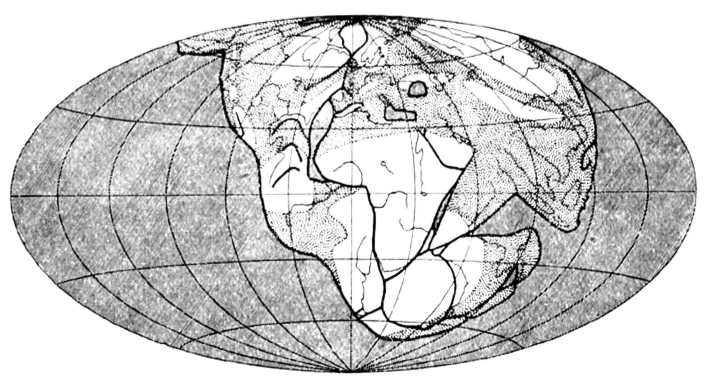

这种想法不会就此消失。如果岩石可以在地质构造中改变和移动，为什么大陆不能呢？更大的运动可能只是需要更多时间来完成。19世纪末和20世纪初，地质学家和地理学家都考虑过大陆漂移的概念，比如富兰克林·考克斯沃西（Franklin Coxworthy）、罗伯托·曼托瓦尼（Roberto Mantovani）和弗兰克·伯斯利·泰勒（Frank Bursley Taylor）。但与这一想法关系最密切的科学家，以及创造了泛大陆这一术语的人，是德国极地研究者阿尔弗雷德·魏格纳。

一个单一的大陆

1912年1月6日，魏格纳向德国地质学会提出了他的看法。魏格纳认为，如今各大洲边缘的地质情况表明，这些陆块曾经聚合成了一个单一的超级大陆。魏格纳称这个古老的地方为泛大陆，大致意思就是"所有陆地"。在后来的某个时间，泛大陆分裂，今天的大陆漂移到了它们现在的位置。

魏格纳理论的薄弱之处在于缺乏大陆漂移的驱动机制。尽管证据可能令人信服地表明不同大陆曾经聚在一起，但没有人能说清楚是什么让它们在地球上移动的。魏格纳提出，地球自转的力或者地轴倾斜的变化可能导致了所有运动，但其他专家认为，这些力不足以完成这一重任。

虽然魏格纳的观点没有被淹没在20世纪初的地质学论述中，但也并没有被广泛接受。认为大陆漂移是一种真实现象的专家被排除在主流之外，而消失的陆桥仍被认为是对从南极洲到非洲再到美洲的动植物化石关联的最佳解释。那些反对大陆漂移的人被称为固定论者，他们在讨论中占据了主流。

但到了20世纪50年代，地质学家手握的证据比魏格纳在1912年时拥有的证据要多得多。有迹象表明，地球是由多个板块组成的，这些板块经常在海洋之下彼此相连。如果这些大陆板块是真实存在的，并且地球高温黏稠的地幔在下方形成了对流环，那么这些板块就可以移动。所有证据汇总在一起，就再也无法被否认。虽然施耐德-佩莱格里尼、魏格纳和其他人没有掌握全部情况，但他们看到了让后来的专家发现这一过程的模式。

◀ 穿过冰岛的大西洋中脊（Mid-Atlantic Ridge）。大西洋继续沿着这个离散板块边界增长

磁条带

在一个最近才被探索的地方，有一些强大的工具，可以用来判断地球历史中的时间。在大西洋的波涛之下，沿着大西洋中脊，磁条带的发现帮助地质学家更好地了解了地球上一些大事件的发生时间。

尽管人们在全球海洋上航行了数千年，但直到20世纪50年代，我们才开始对海底的样子有了一定的认识。科学家意识到，第二次世界大战期间首次使用的一项技术可以应用在更深入了解地球的方面。在战争期间，海军舰艇将磁力仪拖在船后，来探测隐藏的潜艇。地质学家意识到，同样的技术可以用来确定海面下海床岩石的磁极性。当科学家绘制出海床岩石的极性时，他们注意到了一种奇怪的模式。在一些地方，例如沿着大西洋中脊，科学家发现了一种极性交替的斑马条纹的模式。当涉及磁北极在哪里的问题时，这些岩石似乎在来回翻转。

倒转的两极

当时还并不清楚是什么造成了岩石中的磁条带。20世纪60年代，一小群地质学家提出，磁条带是由地球磁场的倒转产生的。如果你经历过其中一次倒转事件，你的指南针的南北方向会突然颠倒，磁南极和磁北极似乎交换了位置。

确定这些倒转发生的时间需要另一条证据。值得庆幸的是，这些条带状的岩石是由一条海底的脊产生的，在这里，岩浆到达地表，并在岩石凝固时"锁住"了地球当时的磁性特征。这些火山岩含有放射性矿物，它们会按一种恒定

的半衰期衰变，而地质学家可以将**放射性定年（radiometric dating）**的新科学应用到岩石上，并计算出这些倒转发生的时间。

这个项目选择的方法是钾−氩定年。与其他形式的放射性定年法［比如**铀−铅定年（Uranium−lead dating）**］一样，这项技术的工作原理是钾的同位素会以恒定的速度衰变为氩的同位素。通过观察海洋岩石的矿物内部两者的数量，专家

▲ 富含铁的火山岩可以具有明显的磁性，比如图中这种磁铁矿

▶ 大西洋中脊绵延4万千米。它的中心是一个裂谷，大陆板块在这里背道而驰

能计算出这些岩石是什么时候形成的，以及地球当时的磁力分布是怎样的。

绘制倒转

地质学家能将磁性倒转发生的时间追溯到约1.8亿年前。这些时间段被归类为"正常"（就是我们现在的状态）或"倒转"。例子包括340万年前至248万年前的高斯正常翻转，以及248万年前至73万年前的松山倒转。磁极来来回回，岩石记录下一次又一次倒转。这些岩石现在可以与其他地方的火山岩加以比较。举个例子，如果一位古生物学家在火山岩下发现了一块化石，他可以将岩石的极性与来自海底的已知情况做比较，估算出这种动物生活的年代。

扩张的海底

对海底岩石的定年还让我们发现，岩石离洋脊越远，就越古老。这为海底扩张提供了关键的证据，在海底扩张的过程中，新的岩石被加入海底，像一个巨大的地质传送带一样将更古老的岩石推开。鉴于板块构造学和大陆漂移在当时还是颇具争议的观点，这一发现有助于为世界大陆移动的事实提供另一条证据。

地质学家目前所知的是，这些磁性倒转的发生是没有规律的。在过去的8 300万年中，大约发生了183次倒转，但持续的时间长度各不相同。迄今为止，还没有人能够弄清楚到底是什么导致了这些倒转。我们知道地球的磁场是由地核中铁的对流产生的，铁的对流创造了电流，因此创造了磁场，但没人知道什么会让磁极翻转。虽然这些事件听起来非常戏剧性，但是我们不必担心。虽然一些动物会依赖磁场指引它们迁徙，但没有证据表明这些倒转导致了集群灭绝，或者对地球上的生命产生了其他破坏。我们知道这些事件确实发生了，但原因还有待发现。

▲ 美国国家海洋和大气管理局（NOAA）的大力神遥控潜水器（Remotely Operated Vehicle，简称ROV）在大西洋中脊的亚特兰蒂斯破裂带（Atlantis Fracture Zone）收集岩石样本

◄ 枕状熔岩位于大西洋中脊一座海底火山的侧面。这种岩层是在熔岩与冷水接触时迅速冷却和凝固而形成的

莱姆里吉斯

"她在海边卖贝壳。"[1] 你可能对这个儿童绕口令并不陌生，但其中的贝壳并不是指如今在海滩上能找到的蛤蜊或扇贝壳。儿歌中的贝壳很古老，有1.8亿年的历史，由一位古生物学家先驱售卖，她帮助开启了我们对深时的迷恋。这位古生物学家的名字叫玛丽·安宁（Mary Anning），而英格兰南部海岸的莱姆里吉斯（Lyme Regis）就是她的化石猎场。

今天，你仍然可以在莱姆里吉斯的海滩上找到化石。海岸紧挨着高耸的碎石悬崖，这些石头在2亿年前的侏罗纪时期就存在了。这些地层中包含菊石（带有螺壳的鱿鱼亲属）、鱼类、被称为鱼龙的长得像鲨鱼的爬行动物，以及长着长脖子和四个用来游泳的桨的蛇颈龙遗骸。有时你甚至可以找到陆地生物，比如恐龙和会飞的翼龙。安宁在19世纪上半叶的化石旅行中发现了所有这些及其他一些东西，她为早期的古生物学家提供了前所未见的奇妙标本。

安宁并不是第一位在这些海岸上行走的人，搜寻化石是她从父亲那里学到的，她的兄弟也常跟着一起去。安宁还从朋友伊丽莎白·菲尔波特（Elizabeth Philpot）那里得到了些许指点，菲尔波特手艺精湛，她可以提取保存在头足类化石中的史前墨水，并用它和侏罗纪的色素绘图。但在认真搜寻莱姆里吉斯海岸线的化石猎人中，玛丽·安宁无疑是最坚定的一位。在她最伟大的发现中，有类似鱼的海洋爬行动物鱼龙、长着参差不齐牙齿的长颈蛇颈龙，以及带有皮质翅膀的

双型齿翼龙（*Dimorphodon*）的化石。

早在侏罗纪时期，多塞特海岸上的岩石还位于海底。在岩石之上的水中充满了非同寻常的物种。鳍上长着长刺的鲨鱼、被子弹状内锥体支撑着的鱿鱼，还有各种各样的海洋爬行动物在水中游动。当它们死亡时，会落在水底的淤泥沉积物

▲ 在英格兰萨默塞特发现的一个完整的霍氏海洋龙（*Thalassiodracon hawkinsii*）化石标本

▶ 玛丽·安宁在1823年写的一封信，其中包含一张详细的蛇颈龙骨骼图

---

[1] 原文为 "She sells seashells by the seashore"，是一句英文绕口令，常被认为是纪念著名古生物学家玛丽·安宁的。——译注

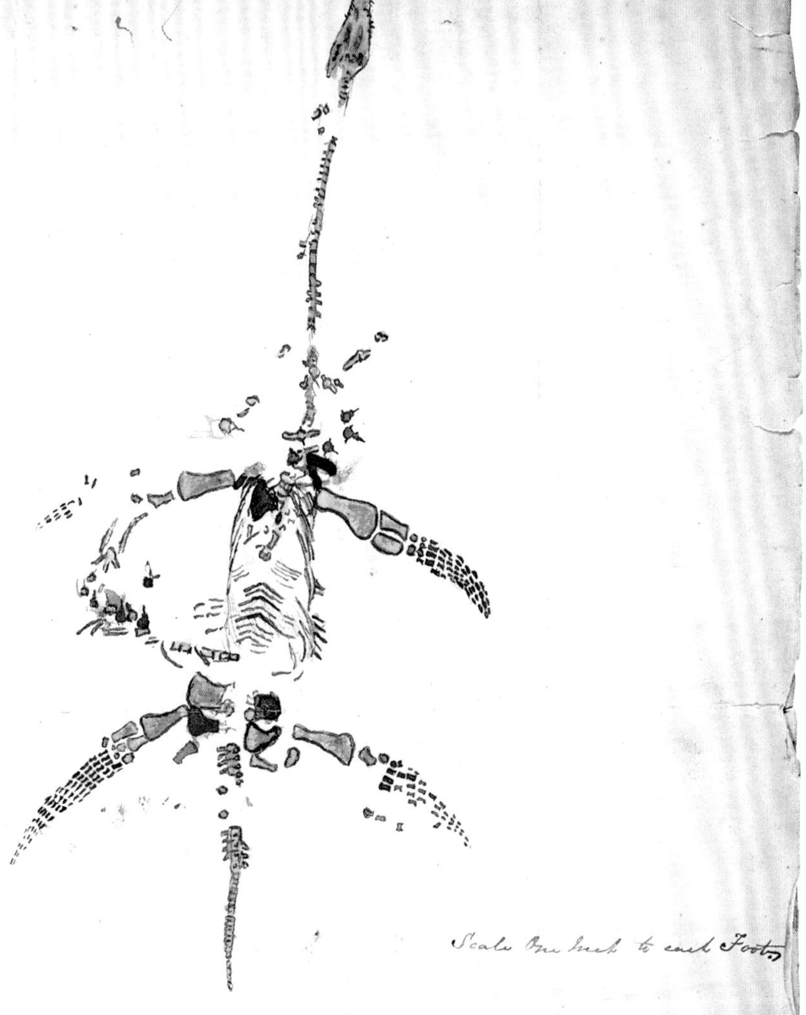

Scale One Inch to each Foot

Sir

I have endeavoured by a rough sketch to give you some idea of what it is like. Sir you understood me right in thinking that I said it was the supposed plesiosaurus, but its remarkable long neck and small head, shows that it does not in the least verify their conjectures; in its analogy to the Ichthyosaurus, it is large and heavy, but one thing I may venture to assure you it is the first and only one discovered in Europe, Colonel Birch offered one hundred guineas for it unseen, but your letter came one days post before with

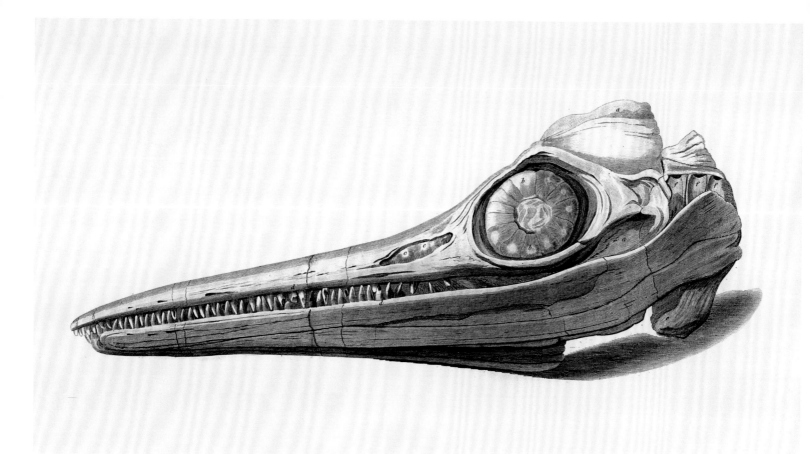

中。在不同情况下，食腐动物会把尸体扒开，把壳、肉和骨头再次回收到海里。但海底的条件几乎是"一潭死水"，没什么食腐动物能忍受软泥中的生活。因此，许多尸体并没有受到干扰，被细粒沉积物掩埋，从而精致地保存下了许多史前的细节。安宁沿着沙滩行走，寻找这个失落世界的破碎残存。

受到权威的排挤

安宁通过经验而非学术成了专家，她记录了自己的许多发现并绘制了插图。但在科学被认为不适合女性的时代，安宁并没有得到鼓励，甚至没有被允许亲自撰写关于这些动物的科学描述。这项任务往往由在博物馆或大学担任职务的男性来完成。安宁不得不与此斗争，她写道："这个世界如此不友好地利用我，我担心这会让我对所有人起疑。"若在今日，安宁会被誉为杰出的化石专家，但在她生活的时代，从她的工作中获得声誉的却是男性学者。

安宁在英格兰南部侏罗纪海滩上的发现，为人们对过去的全新看法做好了准备。物种可能灭绝的想法在安宁出生的1799年才开始为博物学家所接受。几个世纪以来，人们一直在发现并研究化石，世界各地的原住民文化都认识到化石代表着曾经生存的动物，但19世纪的科学才刚刚开始补上这一课。在此之前，没有人见过像鱼龙和蛇颈龙那样的生物。没有理由说这些生物仍然活着——要是还活着，总会被人看到。它们显然生活在一个完全不同的时代，一个远早于我们这个时代的爬行动物时代，然后那个时代突然结束了。如果没有安宁勤奋地发现、发掘、清理并把这些化石提供给科学家，这个失落的世界将在更长时间里一直是个谜。

▲ 鱼龙头骨化石的缩小图，1812年玛丽·安宁的哥哥约瑟夫发现了这块化石后，安宁将其从岩石中发掘出来

▶ 躺在莱姆里吉斯海滩上的一块巨大菊石化石

莫里森组

如果你在寻找恐龙，可能没有比北美洲的莫里森组（Morrison Formation）更好的地方了。
包括剑龙、梁龙（Diplodocus）、迷惑龙和异特龙（Allosaurus）在内的侏罗纪经典化石都能在这些岩石中找到，
而且每年都有新的发现。这个组代表了一个丰富且充满活力的世界，
其中充斥着一些有史以来在地球上行走的最奇怪、最庞大的生物。

我们很幸运，莫里森组有很多东西可以探索。这一地层覆盖了超过150万平方千米的面积，从美国北达科他州到得克萨斯州，从堪萨斯州到新墨西哥州，都能看到这片侏罗纪时期的紫色、栗色和灰色相间的露头。这些岩石是在1.56亿年前至1.46亿年前由河流、湖泊和池塘造就的，它们位于地势低洼的地区，非鸟恐龙在覆盖着蕨类植物的广阔河漫滩游荡，其间还点缀着针叶林。

化石战争

莫里森组丰富的化石很早就引起了古生物学家的注意。19世纪末，美国古生物学家爱德华·德林克·科普（Edward Drinker Cope）和奥思尼尔·查尔斯·马什（Othniel Charles Marsh）发动了"化石战争"，发现并命名尽可能多的动物化石。美国西部莫里森组的露头是主要的"战场"，不仅因为在那里发现了大量的化石，还因为这些现场邻近新建的铁路线。许多我们喜欢的恐龙，包括雷龙（Brontosaurus）和角鼻龙（Ceratosaurus），都是由于这场疯狂的竞争而被发现的。在科普和马什之后，下一代古生物学家怀着碰运气的想法又

回到莫里森组，找到了更大、更完整的恐龙。这场"第二次侏罗纪恐龙热"为包括美国自然历史博物馆、卡内基自然历史博物馆和菲尔德自然史博物馆在内的一些机构提供了部分"镇馆"的化石收藏。

即使经过一个多世纪的研究，古生物学家仍在莫里森组中不断发现新的现场和物种。一些化石来自绝对的庞然大物，它们是已知的最大恐龙。长颈的植食性超龙（Supersaurus）和哈氏梁龙（Diplodocus hallorum）是有史以来最长的两种恐龙，从鼻子到尾巴尖的长度超过30米。但近期一些重要的发现是关于更小的生物的。古生物学家发现了恶魔蛇（Diablophis）的骨骼，这是已知最早的蛇之一；还有像弗鲁塔兽（Fruitafossor）这样的以白蚁为食的小型哺乳动物。事实上，这个组中最常见的化石根本不是恐龙，而是一类经常被冲进大型埋骨场中的淡水蛤蜊。

采石场

莫里森组由三个独立的单元组成，大部分化石是在最顶

▲ 美国犹他州国家恐龙化石保护区的圆顶龙（Camarasaurus）骨骼

层被称为布拉希盆地段[1]（Brushy Basin Member）的剖面发现的，它因为（化石）采石场而暴露出来。这些地区成了化石猎人的主要目的地，部分原因是在那里发现了数量众多的大型采石场，包括美国犹他州国家恐龙化石保护区的卡内基采石场（Carnegie Quarry）、怀俄明州的豪威采石场（Howe Quarry）、犹他州的克利夫兰-劳埃德恐龙采石场（Cleveland-Lloyd Dinosaur Quarry）和科罗拉多州的麦加特-摩尔采石场（Mygatt-Moore Quarry）。这些都是辽阔的骨床，其中包含多个种类的恐龙，还包括一些稀有的恐龙物种。莫里森组的采石场没有完全相同的，每一个采石场都带来了新的见解。例如，在麦加特-摩尔采石场发现了一种早期的甲龙，名为迈摩尔甲龙（Mymoorapelta），它表明甲龙是与背上长着板的剑龙一同演化的，而非在剑龙之后。

---

[1] 段（member）在地质学上是位于"组"下一级的岩性地层单位。组由不同段构成。—— 译注

多样的生态系统

　　尽管有大量的采石场和发现，莫里森组仍然代表着地球历史上令人困惑的时间和地点。这里是史前世界的塞伦盖蒂（Serengeti）[1]，只是规模要大得多。每个栖息地通常都有多种超过6米长的肉食动物；还有许多长颈的植食动物物种，从鼻子到尾巴尖可超过30米。再加上所有小型哺乳动物、爬行动物、两栖动物和更小的恐龙，你就可以看到一种古老的环境，这个环境中一定遍布着植物生命，来供养如此多的动物。

　　如果恐龙生活在其他地方，我们可能对它们一无所知。化石最常被保存在沉积物所在的低地栖息地中。（这就是为什么我们对山区恐龙知之甚少，因为它们生活在被侵蚀的地方。）更重要的是，莫里森组是一处季节分明的栖息地。它类似今天的非洲东部，有一个旱季和一个雨季。在旱季死于缺水或缺乏食物的恐龙，会被当地回归的季风造成的洪水冲走，它们的骨骼被冲到河床和池塘中，很快就被埋葬了。多亏了地形和气候的这些巧合，我们得到了一些有史以来最令人印象深刻和最可怕的恐龙的记录。

---

[1] 塞伦盖蒂是非洲著名的大草原，是世界最大的动物自然生态系统之一，因此常被用来指代物种丰富、自然法则主导的环境。—— 译注

▲ 高橡树龙（*Dryosaurus altus*）的头骨和下颌，它是在莫里森组中发现的一种生活在晚侏罗世的禽龙类

◀ 美国犹他州的本托奈特山（Bentonite Hills），由莫里森组的布拉希盆地段组成

1.3亿年前

威尔德

查尔斯·达尔文在《物种起源》中阐述通过自然选择的演化过程时，就知道必须利用尽可能多的证据，

特别是地质学方面的证据。在达尔文的时代，地球年龄仍然是未知的，达尔文知道进化论的批评者

可能会反对说根本没有足够的时间让自然选择将一种生物形式变成另一种。达尔文清楚，

他需要时间，而且是深时，所以他把注意力转向了英格兰东南部的威尔德（Weald）。

威尔德给人的第一印象可能只是像看上去连绵不绝的绿色乡村。然而，地质学家的眼睛可能会发现白垩[1]构成的平行斜坡，它们最初形成于白垩纪的海洋，后来被侵蚀作用筛选出来。北部丘陵（North Downs）和南部丘陵（South Downs）的白垩坡曾经是一个岩石穹隆的两部分，其中间部分已经破碎。达尔文知道，这种景观的形成一定需要很长的时间，因此他开始计算威尔德河谷从其母岩中侵蚀形成需要多长时间。根据估计的侵蚀速率，达尔文从当下开始倒推，得出威尔德的形成需要大约3亿年。达尔文认为，如果这是真的，那么世界本身一定更古老，这为生命巨大的演化变化提供了充足的时间。

地球究竟多少岁？

其他专家对此并不信服。1862年，威廉·汤姆森［William Thomson，后来的开尔文勋爵（Lord Kelvin）］计算出太阳已经燃烧了2 000万年到1亿年，并声称"几乎可以肯定"我们

的恒星不到5亿岁。[2]达尔文并没有被开尔文的观点动摇，但他担心自己的数学可能有问题，于是在《物种起源》的后续版本中删除了地质时钟的论点。

当然，我们现在知道，地球比1亿年要古老得多。事实上，地球年龄大约比这个数字大46倍。虽然达尔文的数字并不完全正确，但威尔德地区非常古老，这一点他没有搞错。构成威尔德黏土的沉积物是在大约1.3亿年前沉积下来的，并在约2 000万年前至1 000万年前被**造山运动**（orogeny）推高。

白垩纪化石

威尔德的重要性不仅在于岩石的年龄。英格兰及古生物学的一些最重要发现，就是来自这一地区的白垩系黏土。例如，1822年，玛丽·曼特尔（Mary Mantell）注意到一些奇怪的化石，它们是在威尔德的一个修路项目中被发现的。化石中有一颗牙齿。曼特尔的丈夫吉迪恩（Gideon）对化石有

---

[1] 一种粉末状的微晶灰岩，常形成于温暖的浅海。—— 译注

[2] 当然，开尔文勋爵在这件事情上错了。—— 译注

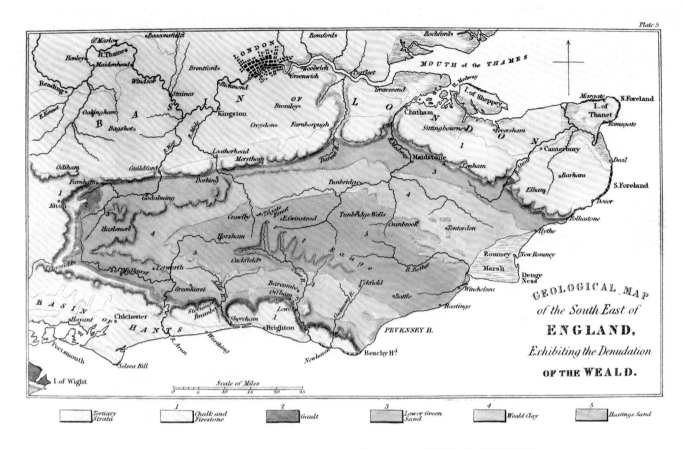

▲ 英国地质学家查尔斯·莱尔（Charles Lyell）于1833年绘制的威尔德地区地质图

▼ 吉迪恩·曼特尔绘制的禽龙推测图

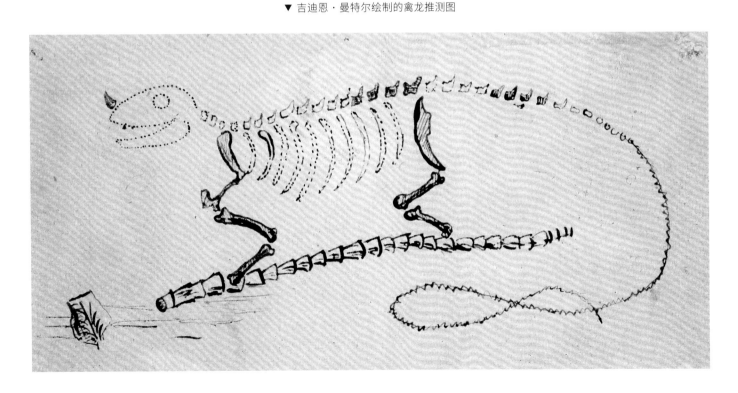

着浓厚的兴趣，他最终提出，这颗牙齿一定属于一种类似鬣蜥的巨型爬行动物。吉迪恩在1825年将这种动物命名为禽龙。仅仅几年后，1834年，在肯特郡梅德斯通的一处采石场发现了一只禽龙的多块骨骼。这是科学界承认的第一具部分恐龙骨架，这样出名的成就让禽龙如今出现在了梅德斯通的城市徽章上。

吉迪恩最初设想禽龙是一种体态笨重的蜥蜴，如果现代鬣蜥的比例可以作为参考的话，禽龙可能有30米长。但梅德斯通的发现和其他发现表明，禽龙看起来一点儿也不像蜥蜴。这是一种双足爬行动物，它的腿长在身体下面。而曼特尔认为的鼻子上的独特尖刺，实际上是恐龙的拇指。

新的恐龙

禽龙用它的拇指尖刺做什么是个谜。不过，如果它是一种防御性武器，恐龙就有充分的理由让它长在手上。1983年，业余化石收藏家威廉·沃克（William Walker）在威尔德黏土中发现了一只巨大的爪子。这块化石引起了自然历史博物馆的科学家的注意，他们来到这里找到了更多的骨骼。最后，这些化石被证明属于一种从未见过的恐龙，被称为沃氏重爪龙（*Baryonyx walkeri*），也就是"沃克的沉重爪子"。

重爪龙是一种捕食性恐龙，但与异特龙或霸王龙（*Tyrannosaurus rex*）一点儿都不一样。这种恐龙有一个长长的、类似鳄鱼的鼻子，四肢上带有弯曲的爪。这块化石保存得非常好，在它的肠道区域还发现了鱼的碎片和一只小禽龙。古生物学家很快意识到，这种新的动物与背上长着帆的巨大棘龙（*Spinosaurus*）有关，重爪龙突然成了已知最完整的棘龙。不知道达尔文会如何看待这一发现呢？

▲ 躺在古老湖床上的沃氏重爪龙尸体的复原图

▶ 南部丘陵的一段，属于威尔德

古　果

纵观查尔斯·达尔文的职业生涯，在他研究的所有课题中，他把开花植物的起源称为"恼人之谜"。
环顾如今的世界，可能很难想象曾经有一段时间，树木不会长出美丽的花瓣，
野花也不会在田野里绽放。但从地质学上来说，化石记录显示，开花植物是相对较晚出现的。

第一批光合作用生物可以追溯到数十亿年前。最早生长在陆地上的植物是在大约4.7亿年前传播到陆地的，这远远早于一些脊椎动物向陆地过渡的时间。最早的**裸子植物**（gymnosperm），也就是包括松树在内的植物类群，大约在3.9亿年前演化而来。但是开花植物，专业术语叫**被子植物**（angiosperm），可能直到1.25亿年前，在非鸟恐龙的全盛时期才演化出现。这个时间的关键证据是在中国的古老岩石中发现的一种不起眼的植物。

生殖器官

古果（*Archaefructus*）看起来既不像玫瑰，也不像玉兰树。这种小型植物看上去有些纤细，就古植物学家所知，它并没有明亮艳丽的花朵。但是，某些关键特征的存在让专家能够确定这种植物属于迄今发现的最古老的被子植物。

开花部分的两个特有生殖器官分别是心皮和雄蕊。心皮是雌蕊的一部分，也就是雌性生殖器官，而雄蕊则是雄性生殖器官。只在被子植物中发现了这两个器官。在古果中，心皮和雄蕊都是植物茎的一部分。

到目前为止，古植物学家已经确定了古果属的三个物种，

分别是辽宁古果（*A. liaoningensis*）、始花古果（*A. eoflora*）和中华古果（*A. sinensis*）。一些专家认为这种植物是最早的开花植物的代表，而另一些专家则相信这些植物与今天的睡莲有关。无论怎样，这种古老的植物可能指向等待被发现的更古老的植物。

更早的起源

来自现代植物的遗传数据表明，最早的被子植物是在侏罗纪的某个时候演化而来的，比古果至少早了2 000万年，古植物学家只是尚未找到化石。这可能是两个因素共同造成的。第一个因素是认错了，因为最早的被子植物可能看起来并不太像它们的现代对应物。第二个因素是化石保存的变数，化石记录仅仅是曾经存在过的所有生命的一小部分的一小部分的一小部分，往往有利于相对大型或坚固的生物。早期的开花植物与其他植物相比不仅罕见，而且可能也比较脆

▶ 上图　辽宁古果化石的复制品

▶ 下图　早期开花植物相对简单的结构已经变得多样化，形成了各种各样的形式，比如这株美丽的星花木兰

弱，需要在特殊的环境下才能变成化石。即使是古果，也是来自化石床，在那里，细节精细的保存非常常见，可惜的是，并不是所有化石沉积都是如此。

不过，被子植物无论何时第一次演化出来，都为一系列重大的演化改变提供了舞台。在被子植物演化出现之前，陆地上最突出的植物是针叶植物、蕨类植物、苏铁和其他类似的植物。这些植物依靠不同的方式繁殖。蕨类植物通过孢子繁殖；而苏铁和针叶植物则会产生球果，送出花粉，与其他树木的球果相遇。这些植物通常依靠风或其他的环境条件，将必需的配子带到一起。但由于被子植物的种子保存在花朵内或者花朵的早期前身中，它们创造了一种新的繁殖形式，永远改变了地球上的生命。

演化优势

开花植物不必等待幸运的微风才能繁衍。从昆虫到小型哺乳动物在内的各种动物在早期被子植物内部及其周围活动，帮助它们授粉。事实上，古生物学家幸运地在化石记录中找到了古老授粉过程的直接证据。在缅甸发现的一块约9900万年前的琥珀中，古生物学家发现了一只白垩纪的甲虫，它的身体上沾着花粉颗粒。这只甲虫的身体形状和口器甚至类似于今天采集花粉的甲虫，这暗示着这类互动已经持续了很长时间。

这种新的授粉方式为被子植物带来了优势。具有引人注目的颜色、气味或果实的植物比其他形式的植物更容易繁衍。随着时间的推移，被子植物开始在一些古老的栖息地超越针叶植物，成了主要的植物形式。在白垩纪，花朵开始展现出鲜艳的色彩和迷人的形状。在霸王龙和三角龙（Triceratops）生活的6600万年前，山荽萸树等植物已经开始开花了。如果这些恐龙愿意，它们完全可以驻足闻一闻花香。

▲ 在开花植物出现之前，早白垩世的典型植物群

◀ 喜苏铁白垩似扁甲（*Cretoparacucujus cycadophilus*）的背影，这是一只9900万年前被困在琥珀中的带着花粉颗粒的甲虫。它的上颚似乎特别适合收集花粉

水 杉

想象一下，你走过一片森林，观察着周围所有奇妙的生命形式，一只三角龙从你面前经过。

这听起来可能像在时间旅行小说或者其他形式的科幻小说中发生的事情，

但它与发现"曙光红木"（dawn redwood），也就是水杉（*Metasequoia*）的情况相差无几。

1943年7月，中国林业技正[1]王战听到了一则他必须要跟进的传闻。在中国东部一个叫作谋道的小镇[2]上，有一棵没人认识的树。王战立即追踪到了这则传言的来源。这棵树是一种大型针叶植物，绝对非比寻常。王战采集了一些树枝和果实作为样本，以便日后研究。

经过仔细检查，这棵神秘之树的各个部分与中国任何已知的物种都不相符。王战猜测，这棵树可能是某种形式的落羽杉，但许多细枝末节都不对。1944年，植物学家吴中伦偶然发现了王战的剪报，并重拾了这条线索。专家一致认为，这棵树与其他任何活体植物都不一样。但植物学家其实以前见过这棵树，只不过不在森林中，而是在石头里。王战发现的是水杉属的一个活体标本，这个属是在1939年根据几千万年前的化石命名的。从发现这种树的化石到发现它的活体，中间相隔了4年。

拉撒路物种

水杉属植物相当于**树木学（Dendrology）**中的腔棘鱼。

这是一种先从化石中找到的树，并被认为已经灭绝了，之后才在我们的现代世界中活生生地出现。如今，这样的物种也被称为拉撒路分类单元（Lazarus taxa），它得名于《新约》中一个死而复生的寓言故事。

水杉属植物已经存在了约1亿年，它们的化石遍布北半球，被划分为三个不同的物种。在地球生命的历史舞台中，它们绝不是无足轻重的角色。大约5 500万年前，全球气候经历了一次快速热浪高峰。温度在很短的时间里上升超过5℃，南北两极的冰融化，也使生命得以扩张到原本无法触及的地

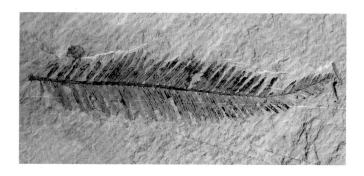

▲ 一块有4 900万年历史的西洋杉（*Metasequoia occidentalis*）小树枝化石

▶ 水杉属尚存的一个物种——水杉（*Metasequoia glyptostroboides*）

[1] 技正是旧时中国技术人员的官职。林学家王战时任中央林业实验所（中国林业科学研究院前身）技正。——译注
[2] 谋道镇位于湖北省利川市，确切地说应为中国中部地区。——译注

方。在史前北极圈内的古埃尔斯米尔岛（Ellesmere Island）上，北极附近生长着巨大的水杉林，短吻鳄在这里的沼泽中游动，早期灵长类动物在林中攀爬。

揭示过去的活线索

有了活的水杉，古植物学家便对这些史前森林的样子有了一些深入的了解。水杉的树皮厚实而粗糙，很像生长在美国西北部和加拿大西南部地区的名字相似的红杉。树木学家还发现，水杉的生长速度很快，能长到高约45米、直径约2米，与其他针叶植物一样，水杉也是通过球果繁殖。但与典型的针叶植物不同的是，水杉是落叶树，叶子会在冬季时节掉落。古植物学家推测，这可能是对古代高纬度地区生活的一种适应，那时，连续数月的黑暗会让水杉暂时失去它们的叶子。

缺失的记录

尽管水杉自晚白垩世以来就一直存在，但它们的化石记录并不均衡。虽然我们现在知道水杉存活了下来，但这种植物的化石记录在中新世（即2 300万年前至500万年前）就消失了。确切的原因也难倒了古植物学家。在腔棘鱼的例子中，这种鱼似乎是因为演化成了在深水中生存，而很少留下化石。但水杉生活在陆地栖息地中，在某些地方和某些时间里存在着大量的化石记录。

这个难题说明了化石记录有多不均衡。如果一个物种变得相对罕见，它似乎就会从化石记录中消失。但是，即使是一个常见的物种，也必须生活在一个沉积物能活跃沉积的地方，才有希望留下化石。水杉可能生长在山区栖息地，随着时间的推移，这些地方被侵蚀了，我们今天几乎看不到任何东西。又或者，这种树的生物学特性发生了变化，导致它生活在一些不利于被保存下来的地方。我们知道，这种树存活的时间比曾经在它的枝叶下行走的任何恐龙都要长，但化石记录仍然隐藏着它确切生存方式的秘密。

▲ 即将脱落的秋季水杉树叶

◀ 中国浙江省的水杉林

希克苏鲁伯撞击坑

地球上最大、最痛苦的一道疤痕很难看到，尽管它非常大。这个150千米宽的撞击坑的边缘嵌入了墨西哥南部的尤卡坦半岛，其余部分则位于墨西哥湾波涛之下20千米处。如果以高速公路的最高时速行驶，从撞击坑的一侧到另一侧需要一个多小时，而其深度足以掩埋一些山脉。

这个深坑被称为希克苏鲁伯撞击坑（Chicxulub Crater），可以说是地球生命史上最糟糕的一天的遗迹。

大约6 600万年前，在白垩纪寻常的一天里，一块超过11千米宽的岩石撞向了地球。这块巨石的速度极快，甚至看不清它进入地球大气并撞入地壳的过程。这颗小行星或者其他来自地球之外的碎片以大约每秒20千米的速度给了地球致命一击，引发了地球的第5次集群灭绝。

破坏随即开始。在撞击点，受热的岩石和碎片被弹射回大气，巨大的冲击波从撞击的中心发出；随后冲击波被海岸反弹，又冲回了撞击坑。附近地区的生物，从最强大的恐龙到最小的浮游生物，在一瞬间灰飞烟灭。

如果这就是全部，其他地方的生命或许能逃过一劫。哺乳动物会一直很小，恐龙将继续主宰陆地，演化走上一条截然不同的道路，爬行动物时代仍将继续。但事实并非如此。在几个小时里，被送上大气的粉碎岩石块在全球各地倾泻而下，其中一些引发了猛烈的森林大火，将烟雾和烟尘喷入空气中。最糟糕的是，下落产生的摩擦将大气加热到了烤箱一般的温度。许多动物因为体型太大，无法躲进洞穴里、溜进水里，或以其他方式躲避这种热浪，它们在撞击后的第一天就死去了。

▲ 撞击物摧毁了周围地区

▶ 从撞击坑中提取的物质的岩心样本。浅色区域是岩石的碎片，主要是硬石膏和蒸发岩

长达3年的冬季

即便出现以上种种情况，许多生命也可能幸免于难。但是希克苏鲁伯撞击击中了地球上一处特别不走运的地方。不仅所有的灰尘、岩石和烟尘在撞击后不久就开始遮蔽阳光，而且受到撞击的岩石本身富含硫酸盐矿物。散布在空气中的硫酸盐气溶胶开始冷却全球气候，并引发了一个至少持续了3年的撞击冬季。光合作用完全停摆。在陆地上和海洋中，不再有新的植物生长。幸存的生物要么以海里的东西为食，要么靠互相捕食熬过漫长的黑暗，而大多数生物都没能坚持太久。古生物学家估计，大约70%的已知物种死于强烈的热浪或者随之而来的黑暗严寒。

几乎所有恐龙都灭绝了，只留下鸟类继承它们的遗产。同样被消灭的还有飞行的翼龙、海生的沧龙和其他形式的爬行动物，这些动物都曾繁荣了数百万年。被称为菊石的带螺壳的乌贼亲属、叫作厚壳蛤的马桶座大小的蛤蜊，还有其他无脊椎动物也都不复存在，即使在幸存的类群中，也出现了

哺乳动物、蜥蜴和鸟类的集群灭绝。海洋受到了极为严重的影响，以至于这些水域几乎回到了10亿年来不曾出现的单细胞生物汤的状态。在这场如今被称为白垩纪-古近纪灭绝事件［Cretaceous-Paleogene (K-Pg) extinction］的灾难中，所有栖息地的生命都受到了撞击的影响。

这幅地狱图景直到最近才开始形成。专家在1980年才认同小行星撞击是可能的灭绝原因，其依据是一种名为铱的元素的峰值。这种金属在地球上很罕见，但在小行星中却很常见，而在化石记录中，它在霸王龙等动物消失的岩石层中含量丰富。专家对这个问题展开了激烈的辩论，因为在此之前，从来没有人发现撞击导致灭绝的证据；但他们不知道的是，希克苏鲁伯撞击坑已经被发现了。石油地质学家格伦·彭菲尔德（Glen Penfield）和安东尼奥·卡马戈（Antonio Camargo）在1978年发现了撞击坑的最初迹象，到了1990年，所有线索汇聚到了一起。富含铱的岩石记录了撞击的全球影响，而撞击坑本身就是确凿的证据。这个地方，这处撞击坑，代表了一个永久改变了历史进程的时刻。

希克苏鲁伯撞击的艺术画

造　山

几乎没有哪种地质现象比山峰更令人印象深刻。无论是白雪皑皑还是郁郁葱葱，无论是点缀着岩石峭壁，还是风景宜人到能来一场徒步旅行，山总会让我们好奇，这些风景中似乎亘古不变的高耸部分最初是如何出现的。

创造山脉的专业术语是"造山运动"，在整个深时中已经发生了很多次。整个山脉上升，被侵蚀并消失，然后它们的岩石残留被用作形成新山脉的基础。即使是壮观的珠穆朗玛峰也不是亘古不变的，它只是我们这个世界转瞬即逝的一部分，喜马拉雅山脉（Himalayas）是在大约 5 000 万年前，印度洋板块与欧亚大陆板块相撞时被推高的。

绘制阿尔卑斯山脉

与我们现在认为理所当然的其他很多地质现象一样，关于山脉如何形成的谜题引发了大量辩论。法国地质学家马塞尔–亚历山大·贝特朗（Marcel-Alexandre Bertrand，1847—1907）是这个特别故事的关键人物之一。贝特朗生于 1847 年，是数学家约瑟夫·路易·弗朗索瓦·贝特朗（Joseph Louis François Bertrand）之子，与父亲一样，成了一位科学家。然而，贝特朗并没有研究数学，而是专注于地质学。贝特朗在巴黎国立高等矿业学院接受学术训练后，专注于绘制汝拉山［Jura Mountains，"Jurassic"（侏罗纪）一词的来源］和阿尔卑斯山脉（Alps）。

贝特朗对山脉的历史非常着迷。山脉是由其他环境中的岩石堆积而成的，比如海底堆积的沉积物或者火山渗出的熔岩，这种观点在贝特朗的时代被广泛接受。但这只解释了母岩来自何处。调动这些岩石成为山峰的过程中涉及的力量仍是未知的。面对这个难题，1887 年，贝特朗提出了一个远远超越时代的想法。

动态起源

根据对阿尔卑斯山脉的研究，贝特朗提出，山脉是由地壳本身的运动创造的。地壳的岩石不是静态的，而是可以改变形状并移动的。那么来想象一下，地壳的一片区域开始受到周围岩石的挤压，受压的部分会变厚，在水平方向上变得更短，这就像从两侧挤压一颗橡胶球一样。

但岩石所能承受的挤压是有限的。贝特朗表示，最终，地壳拉紧的部分可能会回弹，低洼的岩石可能会被推入山脉。今天，地质学家把这种现象称为上冲断层（overthrusting）。

▲ 马塞尔–亚历山大·贝特朗

▶ 贝特朗研究的汝拉山开始形成于 6 500 万年前

贝特朗并不认为这是一种一次性的或者特别罕见的事件。事实上，贝特朗设想的地壳中的巨大褶皱和由此产生的冲断层创造了欧洲的许多山脉。在他看来，加里东造山运动、海西造山运动和阿尔卑斯造山运动[1]创造了大陆上一些令人印象深刻的地形。这种观点后来被称为造山的波动概念，因为褶皱和冲断层随着时间的推移一波又一波地出现。

皱巴巴的岩石

贝特朗的假说有一部分涉及一种叫作推覆体的地质结构，即一片大岩石由于极度压缩而被移动到了比原先位置高出1 000米以上的地方。这种现象的名称是一则线索，能说明它在地质学家眼中是什么样的。"nappe"（推覆体）这个词是法语的桌布，而岩石的推覆体就有点像在光滑的桌面上滑动的皱巴巴的桌布。

时至今日，专家仍在研究这些地质奇观。贝特朗的突破在于不仅记录下它们，而且还提出了关于它们的更深层次的问题。他在职业生涯后期写道："将断层作为一种研究的对象，而不仅是确定的对象的想法，是我的观察方法中最重要的一步。如果我能获得一些新的结果，便要归功于此。"

这幅活跃的、不断变化的地球图景，与许多19世纪的地质学家所期望的并不相同。"当下活跃的地质力量可以解释过去的事件"的想法，也就是赫顿的**均变论**（Uniformitarianism）[2]的概念，还只有几十年的历史。即使在那时，这些力量与可能导致大陆移动或山脉上升的大规模地质事件相比，似乎相对比较小。贝特朗的想法毕竟还需要一种构造学的意识，而它的时代尚未到来。要想由褶皱和冲断层来创造山脉，地壳必须移动，甚至改变形状。直到贝特朗去世之后约60年，地质学界才对此达成了共识。

---

[1] 地球历史上三次重要的造山运动。——译注

[2] 詹姆斯·赫顿，18世纪英国地质学家和博物学家，有时也被称为"现代地质学之父"。均变论常被认为始于赫顿的研究，并由查尔斯·莱尔等地质学家发扬与推广。该理论主张可以利用现在的地质过程规律研究过去发生的地质事件，也就是"将今论古"的理念。本书的最后会再次提到。——译注

美国蒙大拿州的酋长山（Chief Mountain）是刘易斯冲断层（Lewis Overthrust）的一部分，后者是北美洲一个300千米长的上冲断层

格林里弗组

大多数时候，化石记录都是零星地出现在我们面前。骨骼不完整，骨床杂乱无章，

又或者专家发现了动物，却没有找到植物。每个部分都能告诉我们一些新的东西，但它们仍然像

散落的拼图块那样令人费解。但在某些地方，古生物学家可以看到一片广阔的古老生态系统。

美国西部的格林里弗组（Green River Formation）就是这样一个地方。

来自格林里弗组的巨大化石板记录下了约5 000万年前的生命样貌。这片广袤的深时是在**始新世（Eocene）**，也就是所谓的"近代的黎明"期间形成的。那时，在白垩纪-古近纪灭绝事件（详见第140页）之后的几百万年里，落基山脉继续在北美洲西部崛起。温德河山脉（Wind River Mountains）、萨沃奇岭（Sawatch Range）、安肯帕格里高原（Uncompahgre Plateau）、沃萨奇山脉（Wasatch Mountains）等地都在抬升，改变了古代西部的地形。随着山脉上升，山脉之间的低洼盆地充满了水，这些地方将来会成为美国的怀俄明州、科罗拉多州和犹他州。这些低地拥有一望无际的湖泊，面积可能超过3.8万平方千米。在5 300万年前至4 800万年前，这些湖泊是保存水中和周围生命的理想环境。

你可能之前就见过格林里弗组的化石。这个地质组中充满了保存完好的小鱼、树叶和无脊椎动物。化石收藏家和商人经常在卡车停靠站出售这些化石，但服务站的小玩意儿并不能真正捕捉到对这些古老湖泊的科学探索所揭示的全貌。当所有树叶、鱼类、爬行动物、哺乳动物、鸟类、昆虫和其他生物被视作一个整体时，这里打开了一扇难得一见的窗户，让我们得以窥探一个遥远的时代。

更温暖的世界

在格林里弗组的时代，世界比今天温暖得多。始新世的年平均温度在15~20摄氏度，而如今的全球平均温度为14.5摄氏度。白垩纪-古近纪灭绝事件之后释放的温室气体帮助加热了这个更温暖的世界，亚热带森林延伸到了北半球的大部分地区。例如，在岩石中发现了短吻鳄和鳄鱼化石，这一事实强调了在始新世时期美国西部的这些地区是多么不同。

这些广阔的湖泊和附近的森林所供养的物种很可能看起来既陌生又熟悉。棕榈树、香蒲、梧桐和柳树在湖边生长，也许给这里的环境带来了一丝现代感。熟悉的昆虫，比如猎蝽、蟋蟀和象鼻虫在茂盛的环境中茁壮成长。但生活在这里的许多脊椎动物却大有不同。

几十年来，对格林里弗组棕褐色石板的不断分割，带来了两类已知最古老的蝙蝠，分别是伊神蝠（*Icaronycteris*）和爪蝠（*Onychonycteris*），它们会飞，但还不会回声定位。这里也发现了早期的马的亲属，那是一种小型植食哺乳动物，

▶ 来自格林里弗组的一只软壳龟［鳖（*Trionychid*）］化石

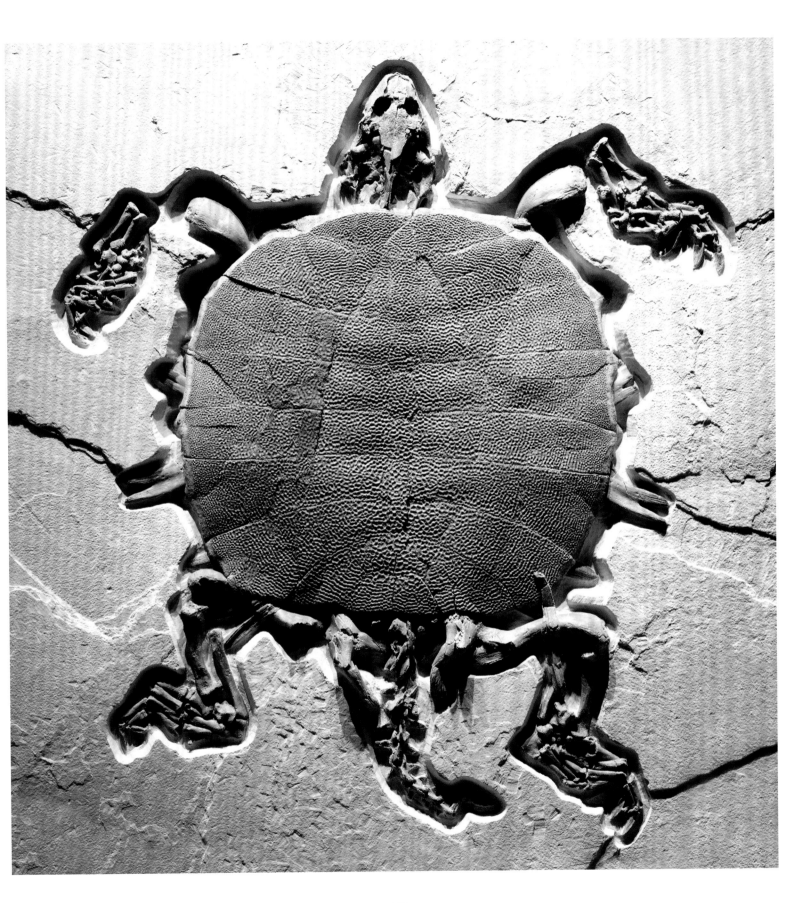

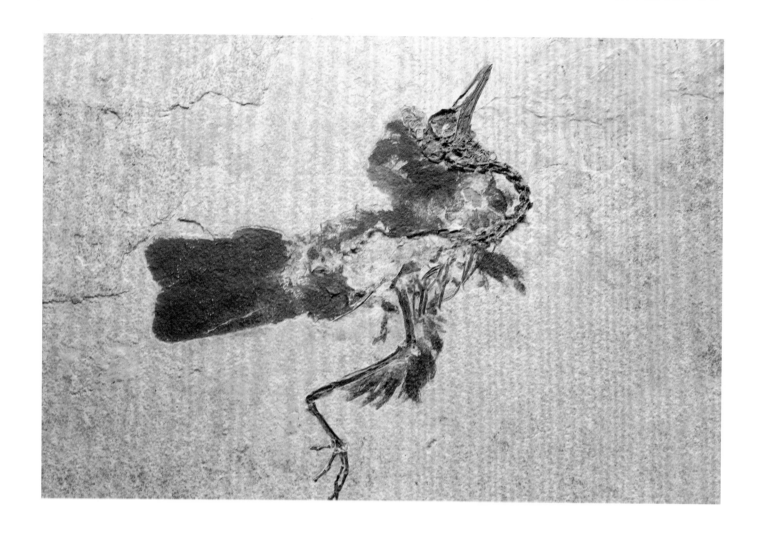

大小和小狗差不多，有多个蹄趾。甚至还有类似狐猴的早期灵长类动物，比如假熊猴，它是现在仅生活在马达加斯加的物种的古老表亲。

多样化的鸟类

一些最令人惊叹的发现是带有关节的鸟类骨骼，其中一些被发现时周围还带着羽毛。格林里弗组保存了一些最古老的现代鸟类群的代表，比如鹦鹉、鼠鸟和军舰鸟。这些单独的发现共同构筑了一幅史前湖泊极具生命力的惊人画面。总的来说，这些发现表明，生态系统在始新世已经完全恢复，随着鸟类继承了恐龙的遗产，哺乳动物时代正在全面到来。

以这些湖泊为家的各种生物并没有在陆地上或者湖岸边变成化石。古生物学家挖掘的是始新世湖底的地层。一些动物在湖水之上死亡并落入湖中；另一些动物则是在湖边死去，然后被风暴或当地的洪水冲走；其他一些则是本身生活在湖中，死后沉到了湖底。

这些始新世湖泊的底部水域是缺氧的。缺氧条件意味着几乎没有生物生活在底部，这降低了食腐动物可能出现并吃掉这些尸体的可能。从鳄鱼鳞甲（鳞片）到蜘蛛吐丝器，惊人的保存质量源于这些不同的植物和动物被迅速埋在了细泥中。这能让尸体保持完整。与沙子等较粗粒的沉积物相比，古代的泥也带来了更高的保存保真度。正是这种特殊的保存方式让古生物学家年复一年地回到这里分割页岩板，了解始新世的生命出现了怎样的新景象。

▲ 来自美国怀俄明州格林里弗组的一只保存良好的化石鸟。它被确定为一个新物种，并被命名为 *Nahmavis grandei*

▶ 美国怀俄明州化石丘国家保护区（Fossil Butte National Monument），这里蕴含着丰富的始新世化石

1 700万年前

火星陨石

很难找到一块比艾伦丘陵陨石（Allan Hills Meteorite）更有争议的石头了。
这块火星石头不知怎么来到了世界底部[1]。

1984年12月27日，一支在南极洲搜寻陨石的科学团队发现了他们要找的东西。在这片大陆的艾伦丘陵上，他们发现了一块将近2千克重的火星岩石。10多年后，1996年，研究人员宣布，他们在这块被正式命名为ALH84001的陨石上发现了一些令人震惊的东西。这块岩石包含奇怪的管道和凹槽，看起来像细菌或者其他微生物的微观化石。关于发现可能存在地外生命的头条新闻立刻吸引了人们的目光。

火星上的生命？

不仅是大卫·鲍伊（David Bowie）对火星上的生命感到好奇[2]，科学家也已经思考这种可能性很长一段时间了。例如，1877年，意大利天文学家乔瓦尼·斯基亚帕雷利（Giovanni Schiaparelli）注意到火星表面存在的线条，他称之为"canali"，也就是水道。当斯基亚帕雷利通过望远镜观察火星时，天空仍然很清朗，足以看清火星，他认为自己看到了火星表面上像是直线凹槽的东西，然后画了下来。其他天文学家也观察到了同样的东西，甚至还注意到了以前没有水道的地方出现了新的水道。问题是：这些水道到底是什么？

美国天文学家帕西瓦尔·罗威尔（Percival Lowell）认为自己找到了答案。这些结构一定是火星人挖的运河或灌溉沟渠。随着生长季节到来，新沟渠出现了——这就是罗威尔对新线条的解释。即使其他科学家对这一理论表示怀疑，罗威

---

[1] 大多地图会将北极画在上方，南极画在下方，因此南极有时被称为世界底部。——译注
[2] 音乐家大卫·鲍伊曾以太空为灵感创作了著名歌曲《火星上是否有生命？》（*Life on Mars?*）。——译注

▲ 陨石ALH84001，它的表面约有80%被深色的熔壳覆盖

▶ 欧洲航天局（ESA）的"罗塞塔号"（*Rosetta*）探测器在2007年飞掠火星时拍摄的火星真彩色图像

尔还是在一些书中拓展了他的想法，包括1908年出版的《作为生命居所的火星》（*Mars as the Abode of Life*）。直到几十年后，随着研究人员发明出新的方法来观测甚至拍摄这颗红色星球，真相才浮出水面。这些水道并不是火星表面的真实特征。这些线条是通过望远镜观察数小时后产生的视错觉，它们并不存在于火星上。

火星可能孕育着某种形式的生命的想法仍然十分诱人。按照太阳系的标准来看，火星离地球并不远，它是另一颗岩质行星，看起来可能曾经存在液态水，这被认为是生命生存的一个重要前提条件。到1963年，天文学家已经在火星上发现了水蒸气，这也许是这个星球上曾经有过生命的迹象。

在黑暗中拍摄

艾伦丘陵陨石的发现远早于"好奇号"（*Curiosity*）和"机遇号"（*Opportunity*）等火星车开始寻找火星上可能存在的生命迹象，这块陨石为单细胞生命栖居在离我们最近的行星邻居上提供了令人兴奋的可能性。根据已有的地质细节，研究人员提出，ALH84001是一块火星表面的碎片，当另一块陨石在大约1700万年前击中这颗荒漠星球时，ALH84001脱离了这颗星球。然后，这块石头在太空中漫无目的地游荡，直到大约1.3万年前，落向地球并撞上了南极洲。这个故事本身就很惊人，火星的一块石头可以被炸飞并以某种方式迁移到地球上，并在离开母星数百万年后才被发现。那是一段超过2.09亿千米的距离，也绝对是幸运一击。

尽管这块陨石有一个非凡的生命故事，但让它出名的是一些微观的线条，它们看起来类似于细菌，但尺寸要小得

多。争论随之而来。一些专家提出，同样的形状可以在实验室中被重现出来，这些潜在的痕迹根本就不是化石。提出火星细菌假说的研究人员反驳道，在艾伦丘陵陨石的其他部分和另外两块火星陨石中发现了更多"生物形态"。

缺乏确凿证据

分歧在于，除了形状，没有其他证据表明这些结构可能是什么。将微化石（microfossil）认定为古代生命遗迹的要求非常严格，需要形状之外的其他线索。无论这些微小的结构是极小的细菌还是矿物生长，虽然人们不能就它们究竟是什么达成一致，但目前的共识是，ALH84001并不包含化石的证据。相反，这个来自另一颗星球的旅行者是作为一块缄默的石头来到我们面前的，只有通过科学询问才能给出线索。无论它是否包含古代生命的证据，火星的一部分会出现在地球上，这一事实本身已经非常惊人了。

▲ ALH84001陨石上的微小结构在电子显微镜下的样子

▶ 地质学家埃里克·居尔布兰松（Erik Gulbranson）在艾伦丘陵工作

奥杜韦工具

人类并不是唯一一会制造或使用工具的动物，但我们肯定是最依赖工具的。无论我们所说的是一把锤子、一根杠杆、一颗螺丝还是一套轮轴，整个人类世界都是由我们创造和使用工具的能力塑造的，这也真正地重塑了我们的环境。而**人族**（hominin）已经这样做了数百万年。

我们可能永远也不会知道最早的工具是什么样的。如果现代黑猩猩和其他灵长类动物可以作为某种指示，那最早的人类工具可能是木棍、石头和其他稍加改造的东西，它们几乎没有机会被保存下来，甚至没有机会被辨认出来，除非被发现时正好握在一位早期人族的手中。但我们仍然可以肯定，早在我们自己的物种，也就是智人（*Homo sapiens*）出现之前，早期人类已经发明和使用工具了。

我们对早期人类演化的了解大多来自非洲东部，其中一处最令人激动的人类学热点地区是埃塞俄比亚的阿法盆地（Afar Basin）。那里有距今260万年的地层，其中有一个被考古学家称为多拉1号（Dora I）的遗址。在这个位于埃塞俄比亚岩石沙漠中的地方，人类学家发现了一批石器，共327件，而这里距离目前已知最古老的人属化石的发现地只有几千米远。尽管颌骨和石器的保存时间相差约20万年，但由于地理上的邻近，研究人员认为这些工具是由人属的早期成员制作的，而不是其他人族成员，比如南方古猿（*Australopithecus*）或傍人（*Paranthropus*）。

简单的技术

就石器而言，在多拉1号发现的工具非常原始。许多石器都有一条未经改造的光滑边缘，还有一些更锋利的断裂边缘。对于制作简单并可以握在手里的工具来说，这种形状说得通。至少一条光滑的边缘可以让早期人类抓握舒适，而其他石头则被削成薄片，从而获得那种理想的锋利边缘。经过几次敲击，一块不起眼的石头就可以变成一种工具。

人类学家将类似这样的工具归为奥杜韦文明体（Oldowan Complex）的一部分。这些工具并不是由同一群体甚至同一个人族物种制造的，而是代表了一类早期的石质工具，它们很可能在早期人类历史中被一次又一次地发明和再发明。这类工具的名称来自坦桑尼亚的奥杜瓦伊峡谷（Olduvai Gorge），这里也是工具的最初发现地，但多拉1号的工具比在更南边发现的工具要早几十万年。

机会主义的食腐动物

人类为什么会发明这些工具？在多拉1号发现的骨骼提供了诱人的线索。除了石质工具，人类学家在多拉1号遗址还发现了羚羊和长颈鹿等植食动物的骨骼。也许制造奥杜韦工具的人类是为了切割他们偶然发现的尸体。

骨骼上的切割痕迹可以证明这些工具是屠宰工具。事实上，人类学家认为灵长类动物在300多万年前，也就是在人

▲ 在多拉1号发现的石器
▼ 最早的石器可能是用来处理动物尸体的

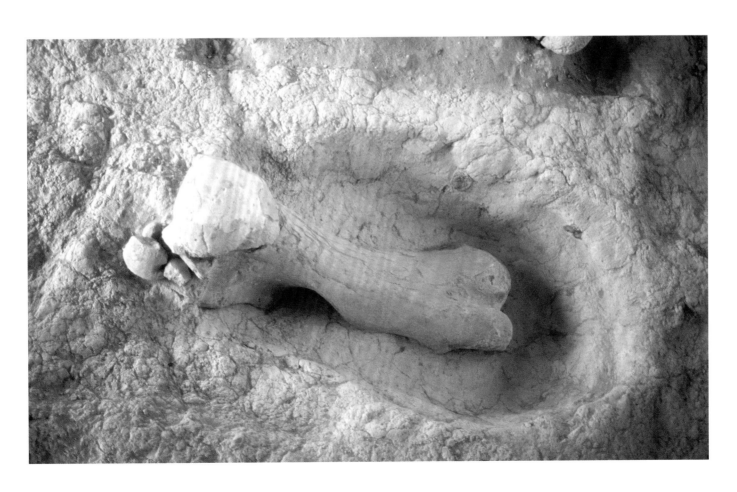

属演化出现之前，就已经会使用某些原始工具来处理动物尸体了。多拉1号遗址中的奥杜韦工具代表了这种技术的改进，让制造这些工具的人可以从骨骼上切下肌肉，甚至敲开长骨，获得里面富含营养的骨髓。

这些人类不是猎人，而是机会主义者。260万年前，成年人类的身高为1~1.5米。他们身材矮小，没法跑得很快，也没有锋利的牙齿或爪子来保护自己。而且我们从早期人类的化石记录中得知，我们的祖先和亲属经常成为当时生活在非洲的鹰、鳄鱼、豹，以及从巨型鬣狗到剑齿猫科动物在内的其他食肉动物的猎物。

增长的大脑和变化的饮食

把这些线索拼凑在一起会发现，人类可能开始在饮食中加入更多肉类，因为机会不请自来。例如，如果像巨颏虎

（*Megantereon*）这样的剑齿猫科动物捕获了一只长颈鹿，一小群早期人类可能会在安全距离外观察并等待着，直到这只大猫填饱肚子。一旦机会来临，人类就会行动起来，从尸体上切下他们可以吃的东西，为他们的饮食增加一点儿动物蛋白。然而，随着时间的推移，更大的大脑对能量的需求开始需要更多脂肪和蛋白质，并要求人类改进技术来猎取食物，或者至少能把竞争的肉食动物从它们捕杀的猎物身上赶走。工具的出现带来了我们的自我革新。

▲ 能人（*Homo habilis*）的头骨化石，这是一种生活在230万年前至170万年前的早期人类。这是年代可靠的最古老人属物种

▶ 根据一副人族南方古猿阿法种（*Australopithecus afarensis*）骨骼所做的复原图。这份标本的年代为320万年前，被称为露西（Lucy）

奥杜瓦伊峡谷

在所有保存着部分人类故事的化石地点中，没有一个地方像奥杜瓦伊峡谷这般赫赫有名。这条48千米长的沟壑位于坦桑尼亚北部的东非大裂谷沿线，带来了一些最能了解我们过去的化石发现。

"Oldupai"（又写作"Olduvai"，即奥杜瓦伊）这个名字来自马赛语，意思是"野生剑麻之地"，因为整片地区生长着大量剑麻。在这种现代的覆盖物之下，是一个又一个史前的岩床，它们可以追溯到190多万年前。在这里发现了鳄鱼化石、史前狮子的埋骨场、石器，当然还有早期人族的骨骼，比如鲍氏傍人（*Paranthropus boisei*）和能人。

首次发现

虽然奥杜瓦伊峡谷长久以来对东非的马赛人来说一直很重要，但这片地区的科学故事一个多世纪前才开始。1911年，德国医生威廉·卡特温克尔（Wilhelm Kattwinkel）探访了奥杜瓦伊峡谷，发现了一匹有三个趾的史前马骨骼化石。这一发现引起了其他博物学家的注意，最终激起了英国人类学家路易斯·利基（Louis Leakey，1903—1972）的兴趣。奥杜瓦伊峡谷似乎正是寻找早期石器证据的地方，也许还能找到制造这些石器的生物。在随后的几十年里，利基和他的家人及合作者建立了一个具有里程碑意义的研究计划，其核心就是在奥杜瓦伊峡谷的岩床中寻找关于早期人类的线索。

奥杜瓦伊峡谷的每一处地质岩床都代表着不同的时间段和不同的早期人类物种。例如，1号床可以追溯到190万年前

至175万年前，其中包含多个古人类居住点。然而，一些真正让奥杜瓦伊峡谷进入人类学家视野的发现，可以追溯到大约200万年前。除了石器，人类学家还发现了颌部发达的鲍氏傍人、"手巧的人类"能人和直立人（*Homo erectus*）的遗骸。

这些地层中的人类化石在时间上并不是分开的，它们之间并不存在一种平滑的梯度，都是早期人类的不同形式，而且有些在时间上还有重叠。能人是我们这个属的早期代表之一，它们与鲍氏傍人生活在一起，几乎可以肯定这两个物种一定会遇到对方。但这些相遇的具体情形，谁也说不准。

危险的水域

我们对早期人类在这片区域面临的危险略知一二。大约184万年前，现在的奥杜瓦伊峡谷有一片古老的湖泊。湖里生活着5米长的鳄鱼，它们的头骨上有角一样的突起，被称为噬人鳄（*Crocodylus anthropophagus*）。这种爬行动物之所以得名如此（"吃人的鳄"），是因为在奥杜瓦伊发现的一些人族化石上有鳄鱼的咬痕。没有人知道鳄鱼是在水边抓住

▶ 从奥杜瓦伊峡谷向奈伯索伊特丘陵（Naibor Soit Hills）望去的景色。前景是3号床遗址

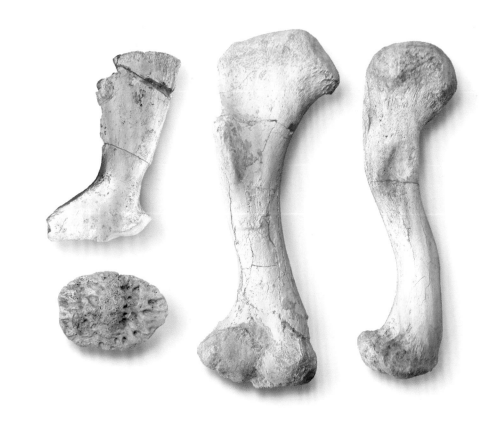

▲ 在奥杜瓦伊峡谷发现的噬人鳄骨骼

▶ 玛丽·利基（Mary Leakey，1913—1996）与丈夫兼人类学家同事路易斯·利基在奥杜瓦伊峡谷工作

▼ 一把阿舍利时期的手斧，是早期人类制造的典型切割工具

了毫无防备的人类，还是在食腐，但是，当这些古人类去湖边喝水时，特别是在早期人类体型相对较小且身材矮小的时期，这些爬行动物确实是一种威胁。

几乎可以肯定的是，早期人类也花了一些时间食腐。在奥杜瓦伊峡谷的一些遗址，例如在人类学家发现被称作"亲爱的男孩"（Dear Boy）的傍人头骨的地方，到处都是制造工具时留下的碎片残骸。我们并不完全清楚究竟是谁制造了这些工具，通常认为是能人所制，而傍人使用的是由骨骼或树枝制成的更原始的工具。不过，无论是谁制造了这些工具，显然是为了用它们剥去动物骨骼上的肉，获取里面的骨髓。在发现工具碎片的地方还发现了鱼类、鸟类和牛羚这类大型哺乳动物的骨骼，表明这些工具是专门用来帮助早期人类在饮食中获取更多蛋白质的。这些人类不太可能是在打猎，因为这里没有制作精良的矛头或手斧，但他们不会放过任何能得到的肉类。

不断变化的景观

尽管让奥杜瓦伊峡谷闻名于世的发现在20世纪中期都被找到了，但沿着峡谷裸岩的研究仍在继续。人类学家最近发掘了一处200万年前到180万年前的遗址，名为"Ewass Oldupa"（埃瓦斯奥杜帕），在马赛语中意为"通往峡谷之路"。这里记录了20万年来的条件变化，详细的地层反映了这个地区如何从湖滨到蕨类草甸，到疏林再到草原的转变，古人类在时间中来来往往。

随研究逐渐浮现的图景表明，奥杜瓦伊峡谷不是人类演化的单一熔炉，相反，它代表了一个随时间迅速变化的不同景观。这个地方对人类意味着什么，可以从留下的东西（从他们制造的工具到他们的骨骼）中看出来。奥杜瓦伊峡谷的地层就像一本古代人类历史之书，每一处岩床都是书中新的一页。

玻璃陨体

大约79万年前，一块千米大小的岩石穿过大气，撞向了现今的老挝南部。

这一事件的关键证据并非来自地球表面的一个古老凹坑。相反，关键的线索是一些鹅卵石大小的小玻璃球，它们被称为**玻璃陨体**（tektite）[1]。

地球上一些最大的撞击是被藏起来的。这句话可能看起来很奇怪，因为今天在我们星球的地壳上可以看到一些硕大无比的撞击坑，比如墨西哥尤卡坦半岛周围的希克苏鲁伯撞击坑或者美国犹他州沙漠中的隆起圆丘（Upheaval Dome）。但地球表面一直在变化，地质和生物力量不断重塑着陆地。这就是为什么重大撞击事件的某些关键证据来自一些未必能用肉眼发现的暗示。

抛出的玻璃

玻璃陨体通常是我们星球上发生撞击的标志。当一颗巨大的小行星、彗星或陨石撞击地壳时，强烈的压力和热会熔化撞击点的一些沉积物。这一过程发生得非常快，而撞击的力量会将玻璃陨体以碎片的形式弹回大气中。它们通常在距离撞击地点几百甚至数千千米开外的地方被发现，形成一个抛出物的环，地质学家可以通过追踪这些抛出物弄清哪里发生过重大的撞击。

就这一次冰期的撞击而言，地质学家已经在澳大利亚、亚洲和南极洲的一些地方发现了来自同一时期的玻璃陨体。东半球大约有20%的地方似乎都有这些玻璃陨体。在晚更新世，一定有什么东西袭击了世界的这一部分。现在的问题是：这颗火流星撞到了哪里。追踪玻璃陨体帮助研究人员锁定了老挝南部的一个可能地点。

▲ 类似这样的块状玻璃陨体的飞行距离较短

▶ 博拉文高原（Bolaven Plateau）是老挝境内可能的撞击地点，这里覆盖着茂密的丛林

---

[1] 中国古代俗称"雷公墨"。—— 译注

▲ 两种常见形状的玻璃陨体，分别是哑铃形（上）和水滴形（下）
◀ 隆起圆丘是美国犹他州峡谷地国家公园（Canyonlands National Park）中一处非常明显的撞击坑

玻璃陨体大小各异，其中一些会比较大。越大的玻璃陨体，在返回地表之前可能飞出的距离就越短。通过收集较大玻璃陨体的轨迹，地质学家就能缩小撞击坑可能所在的区域。

隐藏的撞击坑

到目前为止，撞击的最佳候选地点是在老挝的博拉文高原。两条相互交织的证据表明这是正确的地点。第一条证据是在这一地区发现的玻璃陨体具有不对称的块状形状。它们没有很好的流线型，因此不可能从撞击地点飞出很远。第二条证据是地质学家发现了一大片硬化的熔岩，它是在玻璃陨体落向地球后发生的喷发。熔岩流的范围会覆盖这片地区可能存在的撞击坑。

这还不是全部。巨大的撞击有时会引发构造活动。撞击可能极具破坏性，以至于助力了喷发，最终掩盖住了撞击坑。疑似撞击坑所在的地方存在重力异常的事实同样支持了这一想法，这种异常也许是由一个充满浓稠致密的熔岩凹槽造成的。专家估计，熔岩之下的撞击坑可能超过12千米宽，其边缘约100米高。

避免一场危机

尽管这次撞击在局部范围内带来了动荡，但它并没有造成集群灭绝或者其他全球生物多样性的危机。撞击的后果不仅取决于火流星的大小。小行星或彗星的速度和角度，以及火流星撞击的是陆地还是海洋，还有它撞击的岩石的性质，都会改变事件的后果。如果小行星或彗星撞击的岩石中含有大量的碳，那么撞击可能会将这些碳释放到大气中，导致全球变暖。含硫量较高的岩石在撞击后可能会产生相反的效果，导致全球变冷。

这次撞击对生活在这片地区的古人类来说可能是个坏消息。人类已经在东南亚生活了数万年，在中国南方的一些地区，在玻璃陨体的同一地层中发现了由直立人制造的石器。虽然这次撞击没有引发集群灭绝，但不意味着它没有产生全球性的影响。这次撞击肯定会将大量灰尘和其他碎片抛入大气，这将阻碍阳光穿透地球平流层。这类似于1816年发生的情况，那一年被称为"无夏之年"，因为印度尼西亚的火山喷发释放了足量的尘埃，削弱了全球的光照。不一定非得是大规模的撞击或喷发才会产生全球性的重大影响。

林鼠贝丘

啮齿动物是世界上的优秀计时员之一，但这并不是说它们知道自己在做这件事。林鼠会为它们的沙漠巢穴收集大量材料，为自己和幼崽建造舒适的家。但是，由于干燥的沙漠环境往往能长期保存有机材料，再加上林鼠天然的"收集癖"，这些小型哺乳动物创造的巢穴（或者叫贝丘[1]）可以告诉我们很多关于跨越数万年的时间框架的信息。

美国西南部的林鼠有很多名字。对科学家来说，它们是属于林鼠属（*Neotoma*）的物种。对大众而言，它们可能是林鼠（packrat）、木鼠（wood rat）或是交易鼠（trade rat）。但无论你叫它们什么，它们都会制造出又大又臭的贝丘。林鼠贝丘的最佳位置是在洞穴、岩石缝隙或悬崖下面。被放入洞穴里的东西取决于不同林鼠个体。洞穴周围100米范围内的植物碎片、小石块、骨骼、粪便及近代的人类垃圾都会被纳入堆积物中。不过，让所有这些东西堆在一起的，并不是什么让人喜欢的黏合剂。林鼠会在它们的巢里撒尿，尿液会浸湿这些被带进来的材料。尿液蒸发后，一些糖分和其他物质会结晶并形成琥珀酸，这是一种天然胶水，让这些贝丘一直黏合在一起。

详细记录

在沙漠的干旱地区，在岩石内的庇护下，林鼠贝丘可以存在很长时间。有些可以追溯到大约5万年前的更新世，当时猛犸象和剑齿虎仍然在这些土地上游荡。这是气候学家和古生物学家可以得到的最接近这些古老时代的图景。林鼠收集并封存在贝丘中的动植物材料的性质是一部自然史，讲述了当地环境在不同季节、不同年份、几十年和几个世纪中的变化。

几十年来，研究人员一直在研究这些贝丘，试图揭示它们的秘密。美国地质调查局甚至建立了一个数据库，收集来自北美洲各种林鼠贝丘的数据。这些数据是细节丰富的信息来源，可以有许多不同的解读。一位植物学家可能会研究不同贝丘中的植物种类，了解当地植物群的变化及这背后的气候变化。一位生物学家可能会检查林鼠粪便的大小——林鼠体型的指标，并看看啮齿动物的身体大小是如何随时间变化的。一位气候学家可能会研究收集到的植物材料中碳、氧和氮的同位素，从而了解冰期的气候变化。

---

[1] 贝丘常指史前时代人们捕食的贝类堆积的遗址，也就是古人类留下的"垃圾堆"。林鼠贝丘指的则是林鼠囤积下的垃圾堆，常被用于考古学研究。—— 译注

▶ 一个林鼠物种，丛尾林鼠（*Neotoma cinerea*）

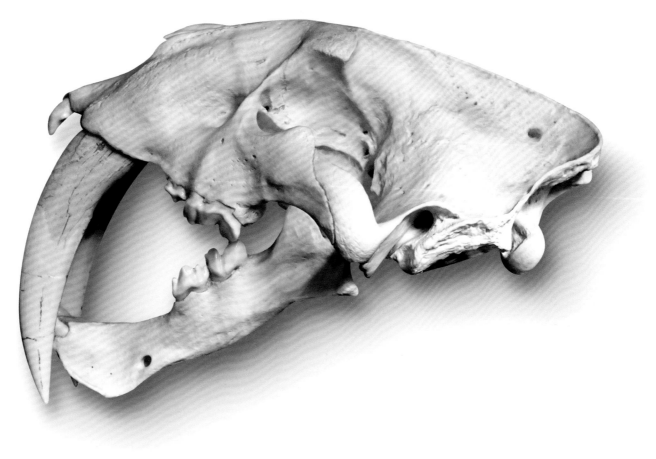

DNA证据

　　近期研究林鼠贝丘秘密的工作把重点放在了保留下的DNA上。在干燥的沙漠条件下，贝丘通常保存得非常好，研究人员能提取到DNA片段，获得关于哪些动物在何时出现的线索。例如，大地懒（*Megatherium*）的DNA已经在林鼠贝丘中被发现了，还有一些生物学家追踪了某些疾病在林鼠中的流行时间。

　　贝丘保存了很多化石记录中难得一见的精细细节。在一个特定的化石埋藏点，往往有一种被称为"时间平均"的效应。我们并不总是能摸清一处沉积代表了一个小时、一个月、一个季节、一年还是其他时间长度，尤其是当洪水把遗骸和有机物冲到了一处沉积物中时更是如此。这可能会掩盖我们对过去的了解，也许会把那些在生命中没有相互作用的生物在死后聚在一起。例如，在一个化石埋藏点可能存在多个树木物种，使它们看起来像是共同存在的，但实际上是一个世纪以来不同物种的演替。

追踪变化

　　林鼠贝丘提供的高清晰度让研究人员能突破某些不确定性，追踪特定动植物种群如何侵占这片土地，随后消失，然后再卷土重来，这代表了更精细尺度下的环境变化，否则这些变化很可能会被忽略。林鼠贝丘记录了一种杜松如何在气候干燥时出现在美国蒙大拿州，当环境变得潮湿时又退到了怀俄明州，然后在气候再次变得干燥时又扩散到蒙大拿州，这提供了一幅关于气候变化如何在我们无法直接看到的时间尺度上影响生物的图景。尽管林鼠无知无觉，但它们记录了过去，也可以帮助我们预测我们的未来。

▲ 加州剑齿虎（*Smilodon californicus*）的头骨，这是一个生活在美洲的剑齿虎物种，直到1万年前灭绝

▶ 美国亚利桑那州一棵树下的林鼠贝丘

比格博恩盐窝

灭绝是生命的一个事实。每个演化的物种最终都会消失，不再出现。但直到 18 世纪，这一观点在博物学家中仍有争议。尽管人类已经将一些物种赶尽杀绝，比如渡渡鸟，但专家仍然不确定是否有力量可以完全消灭整个动物类群。后来，来自如今美国肯塔基州的一些冰期化石改变了人们的想法。

在俄亥俄河以东几千米处，就是比格博恩盐窝（Big Bone Lick）[1]。这个地方几个世纪以来一直沿用这个名字，它是一个供野生动物食用的天然盐窝，这里到处是冰期哺乳动物的骨骼。乳齿象、马、麝牛、大地懒、貘和其他更新世的野兽骨骼遍布此地，许多动物是在陷入柔软的沼泽地后死亡的，沼泽成了一个天然的陷阱。

偶然的发现

让这片巨大的骨床引起博物学家注意的发现来自 1739 年的夏天。在"1739 年契卡索战役"中，一支由法裔加拿大人和原住民盟友组成的军队朝着墨西哥湾海岸南下。在路途中，这支军队在俄亥俄河边停了下来，一队原住民战士进入周围地区打猎，但他们找到的并不全是肉。战士们带回了一根巨大的股骨、一些獠牙和几颗拳头大小的白齿。

这些化石最终被运往法国。1762 年，博物学家路易·多邦东（Louis Daubenton）断言，这些骨骼一定来自一只巨型河马和一只大象，它们仍然生活在北美洲的某个地方。多邦东的话引起了美国博物学家和政治家托马斯·杰斐逊（Thomas Jefferson）的注意。杰斐逊在几十年后担任美国总统期间，指示探险家威廉·克拉克（William Clark）和梅里韦瑟·刘易斯（Meriwether Lewis）于 1803 年和 1807 年前往比格博恩盐窝研究那里的化石，还将一些化石送回美国东部。在第一次探险失败后，近 300 块化石于 1807 年运到了东部的白宫。这位美国总统怀疑，这些骨骼所属的生物一定仍然生活在内陆的某个地方，这证明美洲和旧世界的其他地方一样，是多样化且充满活力的。

已灭绝的物种

杰斐逊这种关于乳齿象在西部游荡的想法，在多年前就被一位年轻的法国博物学家乔治·居维叶（Georges Cuvier）认为是不可能的。居维叶在研究了来自欧洲和西伯利亚的大型哺乳动物的骨骼后，又看了多邦东先前描述的"俄亥俄的动物"，他确定这些古老的骨骼属于两个已经灭绝的大象物种，如今在地球上已无活体可寻。

欧洲和西伯利亚的化石来自最终被定名为猛犸象的动

---

[1] 盐窝（salt lick）常指动物在野外摄取天然盐分的地方。比格博恩盐窝位于美国肯塔基州布恩县（Boone County）的比格博恩。—— 译注

▲ 1万年前的臼齿，来自已灭绝的美洲乳齿象，牙齿具有独特的圆形凸起，这种大象的近亲得名于此

物，而美国俄亥俄州的野兽拥有凹凸不平的臼齿，表明它是一个独特的物种。认为如此巨人的动物可能在未被发现的情况下生存的想法非常牵强，尤其是在经过几个世纪的全球探险之后。这些大象已经灭绝了。几年后，1806年，居维叶更正式地描述了来自俄亥俄州的骨骼。这些骨骼来自一头乳齿象（Mastodonte），意思是"乳房一样的牙齿"，因它们臼齿上的圆形凸起而得名。

赶尽杀绝？

冰期的原住民认识这些哺乳动物，在比格博恩盐窝还发现了他们制造的石器，而且就像在北美殖民地战争（French and Indian Wars）期间一样，这片沼泽可能曾经是原住民的一个主要狩猎场。在比格博恩盐窝发现了猛犸象和乳齿象，还有其他一些大型植食动物，时间可以追溯到1.9万年前至1万年前。这一时期，人类对北美洲还比较陌生，一些研究人员长期以来一直怀疑是人类猎杀了这些大型哺乳动物，让它们灭绝了。大陆周围的一些遗址保留了被切割或敲打过的大型动物的骨骼，这表明人们屠杀过冰期的**巨型动物群**（megafauna）。

研究冰期的专家并没有对这些庞大生物的灭绝原因完全达成一致。有人认为美洲的巨型动物群在某种程度上天真无邪，对人类毫无防备，这种想法并不合理，也无法解释非猎物物种的灭绝，比如恐狼和大地懒。1.9万年前至1万年前，气候同样在迅速变化，全球气候从寒冷干燥变得更温暖潮湿，这些转变可能破坏了古代生态系统的稳定性。有可能人类和气候变化同时发挥着作用，人类给本就承压的生态系统进一步增加了足够的压力，导致它们崩溃。完整的故事还有待被发掘，但多亏了那些发现并研究比格博恩盐窝化石的人，让我们知道巨大的乳齿象和它的邻居们再也不会回来了。

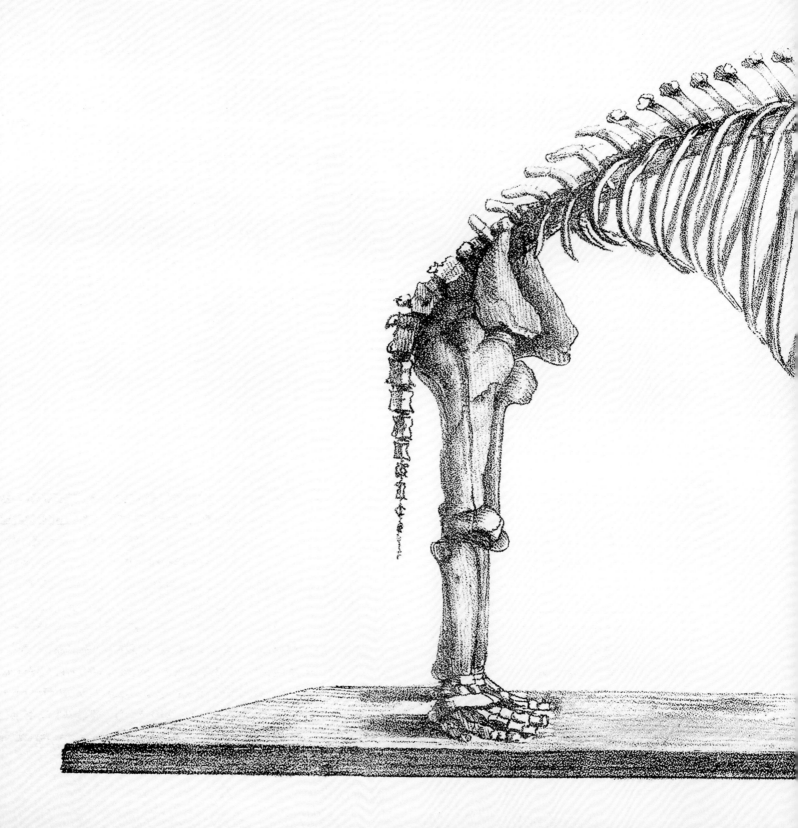

1801年在哈得孙河谷发现的一具乳齿象骨骼的素描。
这具骨骼在展览中展出，但獠牙被拼装错了

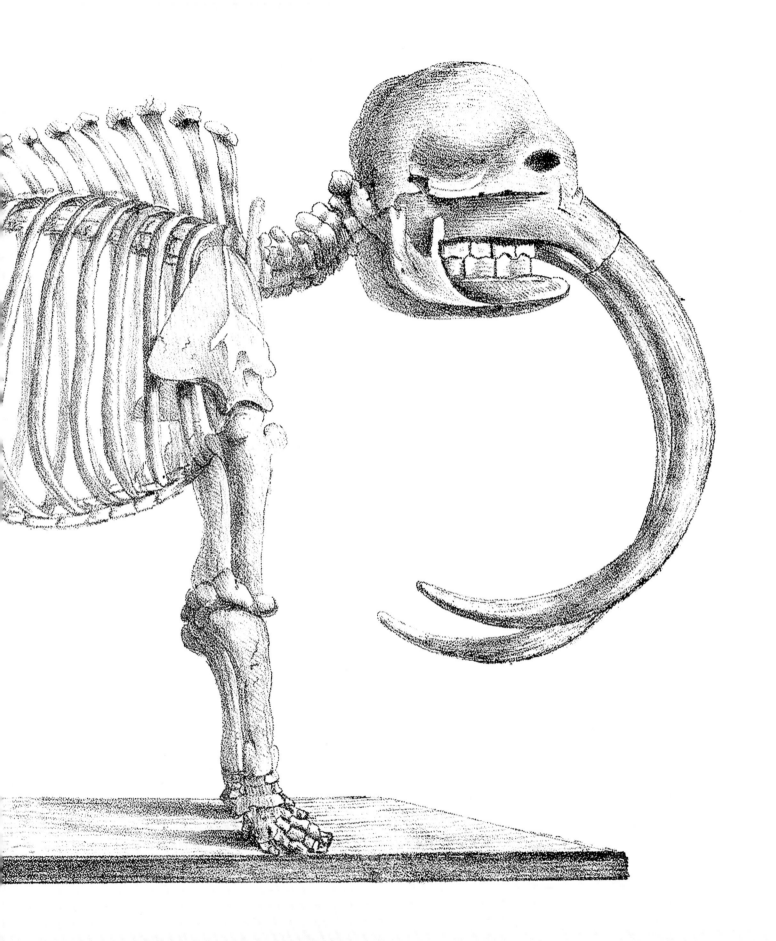

冰川漂砾

有些石头看起来格格不入。例如，在美国纽约市中央公园的中间，有一些看起来很粗犷的巨石，似乎是被随意扔在草坪和人行道上的。这些巨石看上去很粗糙，好像不是公园设计师出于美学考虑而选择的东西。这是因为早在中央公园建造之前，它们就在这里了。

中央公园粗糙的巨石，以及散落在北美洲其他地方的相似石头的故事，可以追溯到大约2万年前。那是地质学家口中的威斯康星冰期（Wisconsin Glaciations）的鼎盛时期，当时全球气候更加凉爽且干燥，让冰川扩张到了大陆上的广大地区。冰川覆盖了如今的格陵兰岛和加拿大全境，还有现在的美国纽约市。

被冰掩埋

冰并不是简单地在大陆上温和地结晶。更新世的纽约地区被埋在300米厚的冰层之下。当冰盖在这片土地上移动时，重量会将土地刮得只剩基岩，磨损、打磨着岩石。一些岩石被完全粉碎，但一些大块的石头被翻了起来，并成了冰盖的一部分。这些巨砾在冰川滑过土地时被一起带走了。

到了大约1万年前，气候越来越温暖且潮湿。这是持续了几十万年的气候反复的下一波脉冲。在更冷的气候下，冰川向南扩张，在冰川边缘创造了草原栖息地，猛犸象和马等动物在那里漫步。在温暖的波动中，森林取代了草原，这是乳齿象、骆驼和巨河狸的完美栖息地。

但对于岩石来说，回归一个更温暖的世界意味着它们将

被退去的冰盖遗弃。随着冰的融化，这些巨砾被从冰封的监狱中释放，扔到了远离它们形成的地方。这就是为什么这些岩石被称为冰川漂砾（glacial erratics）。

令人费解的怪异现象

我们现在对冰川漂砾是地质旅行者的理解来之不易。18世纪，在地质科学的早期，博物学家对这些与当地基岩不相符的巨砾百思不得其解。这些岩石显然是从其他地方移动过来的，但没有人能确定移动机制。一些专家认为洪水可能是答案。古往今来的各种文化都记载了巨大洪水的威力和破坏力，而一场滔天洪水肯定可以像河流移动卵石那样轻松地搬动巨砾。

但并不是每个人都相信这些岩石是由液态水运输的想法。一些专家反驳认为，冰和冰川能以强大的方式塑造地球——一些大石头上有细槽，也就是划痕，它们是拖动而不是翻滚造成的。景观的其他特征，比如冰碛，也可以用冰的作用更好地解释。随着时间的推移，这成了首选的解释，即当冰在地球上移动时，会留下明显的碎片。

冰川漂砾并不局限于更新世相对较新的沉积物。例如，

▲ 美国黄石公园吉本河（Gibbon River）的冰川漂砾

▼ 英格兰四石巨石（Great Stone of Fourstones）

在澳大利亚的哈利特湾保护公园（Hallet Cove Conservation Park）就有玄武岩构成的冰川漂砾，它们是在大约2.7亿年前的二叠纪留下的。不过，今天在北半球可见的大多数冰川漂砾都是更新世的遗留，它们以自己的形式承载了历史。

有意义的石头

"Cloch Chluain Fionnlocha"，也就是克朗芬洛石，是在爱尔兰中部的金尼蒂（Kinnitty）附近被发现的。这块石头上布满了雕刻，有十字架、脚、一分为二的圆，等等。这些雕刻到底是什么时候出现的并不完全清楚，但考古学家怀疑它们是在青铜时代的某个时候刻上去的，距今4 500年至2 500年。相比之下，四石巨石上并没有什么装饰性的雕刻，而是有一个可以使用的楼梯。这块位于英格兰北约克郡和兰开夏郡之间的冰川漂砾上有15级台阶，以便人们爬上顶部。在立陶宛，一块名为蓬图卡斯（Puntukas）的冰川漂砾是国家的象征，上面刻有立陶宛飞行员斯捷波纳斯·达留斯（Steponas Darius）和斯塔西斯·吉列纳斯（Stasys Girėnas）的肖像和名言，以纪念二人在1933年试图飞越大西洋时遇难十周年。

随着时间的推移，冰川漂砾被人们赋予了许多意义和价值，无论是英格兰最大的漂砾诺福克的默顿石（Merton Stone of Norfolk），还是在传统意义上标志着"五月花号"（Mayflower）登陆点的美国马萨诸塞州的普利茅斯岩（Plymouth Rock）。但以深时的视角来看，这些巨石代表了翻天覆地的变化。每块石头都在提醒人们，冰雪曾经笼罩着这个世界，将来也可能再次笼罩。

▲ 普利茅斯岩，上面标有"五月花号"登陆的年份

◀ 英格兰约克郡的冰川漂砾

1.4万年前

潘 多

在美国犹他州东南部的峭壁山区，在鱼湖国家森林（Fishlake National Forest）中，
居住着可能是迄今所知的最大生物。科学家和徒步旅行者都称这个巨大的生物为潘多（Pando）。

潘多是一种颤杨，拉丁学名是*Populus tremuloides*，这个名字可以立即告诉你这种常见树木的特征。颤杨是一种又高又细的树种，可以通过它们白色的树皮，以及心形的叶子在微风中看起来颤抖的样子加以辨认。在它们中间站久了，就会感觉森林正在为你鼓掌。

颤杨与大多数树木都不一样。如果你有幸走过一片颤杨林，可能会认为看到的是一系列单独的树木个体紧紧挤在一起。但事实完全不是这样。你实际上是在一个单一的生物内，只有当你了解颤杨的生长方式后，这个庞然大物才会清楚地显现出来。

克隆的树林

许多颤杨林是克隆的，比如潘多。这意味着，你在地面上看到的每一棵树都是一个基因相同的克隆体，通过地下根系与克隆同胞连接。克隆可以是雄性或雌性的，潘多就是大量的雄性克隆体。新的克隆体通常从根部发芽生长，而不是从种子中。我们在地面上看到的只是一条线索，它通向的是地下大得多的生物量。

在温暖的月份中，研究颤杨的克隆林可能有点儿困难，因为它们的叶子呈鲜艳的绿色。但当秋季的寒冷开始侵袭它

们生长的山区栖息地时，这些群体在不同的时间会变成略微不同的黄色和橙色。这时，你可以从很远的地方看向山坡，了解这些群体能延伸多远。但没有一个群体能在规模上接近潘多。1976年，生态学家杰瑞·肯佩曼（Jerry Kemperman）和伯顿·巴恩斯（Burton Barnes）首次正式确认了潘多无论从重量还是从树木覆盖的物理空间来看，都是世界上最大的生物。[1]虽然没有秤可以称出潘多有多重，但根据颤杨群体的范围估计，其质量达到近600万千克，也就是6 000吨，物理范围超过40公顷。

确认潘多的巨大规模并不仅仅是捕捉群体在秋天的颜色。颤杨的克隆体在基因上是相同的。从一棵树上取样，其读数会和群体中的另一棵树一模一样。通过追踪基因，生物学家已经能够追溯潘多的大小，它的群体随着季节更迭而改变。

像这样的生物并不是一夜之间出现的。一些专家提出，一些巨大的颤杨林可能有100万年的历史，这意味着猛犸象、

---

[1] 由潘多保持的"覆盖面积最大生物"纪录被发现于澳大利亚西海岸的一株澳大利亚海神草（*Posidonia australis*）打破。根据2022年6月1日发表在《英国皇家学会学报B辑》（*Proceedings of the Royal Society* B）上的研究，这棵单株植物绵延200平方千米（2万公顷），年龄或超过4 500岁。——编注

▲ 克隆群体中的每一棵树都有相同的根系

大地懒、剑齿虎和鬣狗在北美洲生活的时候树群就已经存在了。据估计，潘多要年轻一些，但它仍然可能有约1.4万年的历史，这让它成了地球上最大也是最古老的生物。虽然地表上的每棵树只能存活一个世纪，但地下的根系却古老得多，并一直生长到了今天。潘多是末次冰期的残留，历史贯穿了它的根部。

秋季时美国犹他州中部山坡上的克隆颤杨林

多格兰

很久以前，大约1万年前，你可以从如今的欧洲大陆一路步行到英格兰。现在被英吉利海峡覆盖的地区是干燥的，属于被人类学家和地质学家称为多格兰（Doggerland）的失落之地。

一个多世纪以来，科学家一直在思考多格兰是什么样子的。H. G. 威尔斯（H. G. Wells）在1897年发表的小说《石器时代的故事》（*A Story of the Stone Age*）中提到了这一地区，想象着自己即将"如履平地"地从古代法国走到英格兰。20世纪初，研究人员调查了被冲上岸的少数植物、动物骨骼和工具。一定还有更多的东西，而"科林达号"（*Colinda*）拖网渔船的一次偶然发现进一步激发了考古学家的兴趣。1931年，"科林达号"拽出了一大块泥炭，其中包括一个带刺的鹿角，这显然是由曾经生活在陆地上的人制作的精良工具，后来被水淹没了。

沿着海床，有狮子、猛犸象、史前人类、人类制造的工具和古代植物的遗骸，它们都是多格兰过去的一部分。这段历史将我们带入几十万年前的过去，其中还涉及几种人类。

人类物种

大约80万年前，多格兰生活着先驱人（*Homo antecessor*），这是一个古老的人类物种，据我们所知，它没有留下任何演化上的后代。更晚一些时候，大约10万年前，这里是**尼安德特人**（Neanderthal）的家园，数百件工具和一块头骨揭示了我们的姊妹种的存在。这些猎人很可能会追捕生活在多

格兰的猛犸象和披毛犀。与野蛮的名声相反，尼安德特人非常聪明。从多格兰的沉积物中发现的尼安德特人手斧的一端带有一个焦油球，用来充当手柄，以便更好地握住工具。然而，到了大约4.5万年前，尼安德特人消失了，智人已经迁移

▲ 多格兰的范围从1.8万年前的浅色区域缩小到了9000年前的深绿色区域

▶ 2013年诺福克海滩上因风暴而暴露出的古老树桩

到这里。不过，即使在那时，这片土地也并不总是那么惬意宜人。大约2万年前，环境变得寒冷，并一直持续到约1.5万年前。人们撤离了多格兰，只在环境温暖时才回来。

在这最后一段被智人占领的时期，多格兰是一个相对潮湿的地方，平缓的山丘耸立在湿漉漉的草沼和树沼之上。末次冰期中的大型冰川积蓄了大量水，让海平面比今天低了约70米，使得多格兰这样的地方得以存在。人类学家有时会说，多格兰在这个时期是"诗情画意的"。但随着全球冰川的融化，水位开始上升。每个世纪，水位会上升1~2米，逐渐缩小了这片古老的狩猎场。让这个地方变得极具吸引力的野生动物开始撤离，许多人类也跟着离开了。随后，悲剧在多格兰上演。

灾难袭来

大约8000年前，沿着挪威大陆架发生的一系列水下滑坡，也就是所谓的斯托雷加滑坡（Storegga Slides），引发了海啸。巨浪冲向多格兰，直达内陆40千米处，淹没了大部分仍位于水面之上的地方，只剩下少数陆地形成一个小型群岛，而它们最终也被上升的海平面淹没。

就考古学家的发现而言，当海啸来临时，仍有一些人类生活在多格兰，他们几乎没有办法在四五米高的巨浪中自保。就算有任何幸存者，他们也没有留下来，最多有可能在剩下的一些小块土地上辗转。在接下来的几千年里，海啸会将大不列颠岛与欧洲其他地区分隔开来。

广袤的土地

直到最近，专家才得以了解多格兰的范围和重要性。借助石油公司开展的地震勘测，地质学家估计，多格兰曾经扩张到大约18万平方千米，相当于荷兰土地面积的4倍。专注于绘制该地区地图的其他研究也发现了曾经让这里变成舒适家园的河谷和山丘的证据。

研究和发现仍在继续。拖网渔船经常从多格兰带回意想不到的遗物，还有许多骨骼和人工制品被冲上海滩。虽然这里的水域太过混浊、动荡，太多船只穿梭其间，潜水员很难清楚地看到水下保存的东西，但研究人员已经使用了一系列新技术，比如放射性碳定年和DNA分析，以便更好地了解这片淹没在海浪之下的土地。

▲ 2019年在荷兰海岸发现的人类头骨碎片

▶ 多格兰的巨型动物群包括海象、猛犸象和穴狮

5 000年前

玛士撒拉

在美国加利福尼亚州东部的怀特山脉（White Mountains）海拔3 000多米的地方，生活着世界上最古老的树木之一。这棵被称为玛士撒拉（Methuselah）的狐尾松得名于《圣经》中长寿的祖先[1]，这棵树已经存活了4 852年，比吉萨大金字塔还要早几个世纪。

虽然我们这颗星球上一些古老树木的高龄常常令人惊讶，比如巨大的颤杨潘多（详见第180页），但狐尾松却以其长寿而闻名。事实上，玛士撒拉的正式名称是狐尾松（*Pinus longaeva*），意即"长寿的松树"。狐尾松的生长不需要大多数植物生长的理想条件。它们不需要充足的水分、肥沃的土壤或者平和的风。相反，这些松树能在其他物种无法生长的地方茁壮成长。在倒下的树木腾出的空地上或是被岩石滑坡清空的地方，狐尾松往往是第一批扎根的树木，它们更喜欢其他植物难以生长的恶劣而干燥的山区栖息地。

慢慢来

狐尾松的生命早期时段是唯一进展迅速的时期。像玛士撒拉这样的树木，经常在非常岩性的土壤中，甚至是由白云石和石灰石构成的裸岩表面扎根。这些栖息地往往海拔非常高，使得温暖的生长季节很短。狐尾松已经适应了以自己的节奏利用更温暖的月份。一旦扎根，狐尾松每年只会长0.25毫米左右。虽然狐尾松会像其他许多松树一样长出针叶，但这

些树木针叶的掉落速度并不同于其他松树。如果你看到一棵活着的狐尾松，树枝上长出的针叶可能已经有40年的历史了。

狐尾松也不急于繁殖。这种针叶植物会同时产生锈色的雄球果，以及一开始是深紫色、上面覆盖着尖刺的雌球果，这也是这种松树名字的由来。当雌球果的配子受精后，需要两年左右的时间才能产生种子，并开始下一代的繁殖。

坚韧如石

虽然自然并不总是迎合我们的期望，但长寿的狐尾松看起来确实就像你预期中的古树一样扭曲多节。它们的木质非常致密，几乎像石头一样。这些树不会像其他树那样受到同样类型的虫害和腐烂的影响。相反，狐尾松富含树脂的木材往往会被风化，并被一些元素侵蚀，就像它们锚定的石头一样。缓慢的生长与极端的生存技能相结合，产生了一种有可能生长数千年的树种。玛士撒拉并不是侥幸存活。许多狐尾松在它们的岩性土地上坚持了一个又一个世纪。

玛士撒拉的高龄是在1957年被发现的。随后，1964年，美国国家森林局的工作人员在内华达州砍伐了一棵具有4 862年历史的狐尾松。它死后被赋予了普罗米修斯这个名字，以

[1] 相传玛士撒拉活了969岁，在西方文化中是长寿者的代名词。——译注

美国加利福尼亚州因约国家森林（Inyo National Forest）
中生长在岩性山坡上的一棵狐尾松

希腊神话中为人类带来火种的神命名。这棵松树被意外砍伐引发了一场运动，从而更好地保护狐尾松免受这类灾祸的影响。还有一些关于更古老的狐尾松的传言，但仍有待证实。这些树的确切位置通常不会被披露。例如，游客可以看到玛士撒拉所在的这片森林，但不会被告知具体是哪棵树，这是因为担心游客可能试图从树体取走碎片、留下涂鸦或者以其他方式破坏这位森林哨兵。

记录时间

这些树的重要性超出了对时间的可感知的表达。狐尾松的树林在时间上是相互重叠的。通过从每棵树上取芯并加以比较，匹配它们的年代和生长季节，树木学家已经能够创建出近1万年的历史记录。每个年轮的宽度取决于环境对树木生长有多严酷或者有多大的帮助，这也让气候学家能够直接从树木上了解数千年来的气候模式。

考古学家也有理由感谢玛士撒拉这样的树木。虽然放射性定年技术通常用于数百万年前的岩石样本，但更近期的发现，从猛犸象到人类制造的手工艺品，通常也会用放射性碳定年技术。这些技术的工作原理类似，只是使用了碳的同位素，并且非常适合用于定年年龄不超过5万年的样本。当研究人员不得不校准他们的放射性碳定年技术来确保准确性时，就要求助于狐尾松。研究人员可以数出年轮中记录的年份，然后从精确的时间中获得碳−14的读数。狐尾松中的记录成了比较的基线，树木本身记录着世界的时间。

▲ 狐尾松坚韧的树皮特写

◀ 美国加利福尼亚州的玛士撒拉树林（Methuselah Grove），玛士撒拉就在其中，但这棵树的确切位置是保密的

弗兰格尔岛

长毛猛犸象是冰期的标志。大约70万年前，这些毛茸茸的厚皮类动物由它们在欧亚大陆的草原猛犸象祖先演化而来，自此，长毛猛犸象在北半球广泛分布。在全盛时期，从古西班牙的海岸到美国的大湖区，都能看到它们在白雪皑皑的草原上缓步前行。然后，大约4000年前，最后一头猛犸象在西伯利亚的一个孤岛上与世长辞。

科学家将长毛猛犸象称为真猛犸象（*Mammuthus primigenius*），它们是更新世中许多蓬勃繁衍的大型野兽之一。世界上有很多被称为巨型动物群的动物，它们被定义为体重超过45千克的哺乳动物。长毛猛犸象自然符合这一类别。虽然它们并不是有史以来最大的猛犸象物种，但它们的重量仍然可以达到6吨，肩宽超过3米。

在冰期地貌上，长毛猛犸象在较冷的冰川期繁衍生息，当时冰层扩张，全球气温降低。古生物学家不仅从发现猛犸象的地方确认了这一点，也从它们的牙齿和肠道内容物中发现了证据。长毛猛犸象的嘴里只有两种牙齿，分别是巨大弯曲的獠牙（这是改良过的切牙），以及扁平、有褶皱的臼齿。这些臼齿看起来和今天大象的臼齿类似，非常符合植食性动物的特征。猛犸象俯身在地面收集粗糙的草和其他植物材料，借助象鼻将粗纤维拔起，再用扁平的牙碾碎。这些牙与美洲乳齿象那种粗糙块状的臼齿截然不同，后者是一种更古老的、与冰期大象有远亲关系的大象，它们更喜欢间冰期温暖、潮湿的沼泽和森林。

肠道内容物和猛犸象的粪便可以让古生物学家检验解剖学上预想的那些方面。猛犸象的食谱因地而异，因时而异，

但它们经常生活在树木稀少的栖息地中。来自一个被称为尤卡吉尔（Yukagir）的猛犸象标本的粪化石表明，它在死前不久吃下了草、苔藓、柳树，甚至还有另一只猛犸象富含真菌的粪便。

▲ 长毛猛犸象的一颗臼齿

▶ 长毛猛犸象的艺术画

是什么导致了它们的衰退

随着时间的推移，猛犸象的栖息地越来越小。古生物学家和考古学家仍在争论这种情况出现的原因。古生物学家发现有些猛犸象的骨骼上嵌有石点，这暗示着古代人类可能试图猎杀它们。在如今的俄罗斯，考古学家发现了一个由大约60个猛犸象头骨组成的住所，尽管还不清楚这些头骨是来自猎物，还是取自已经死去的猛犸象。不过，猛犸象的繁殖速度相对较慢，一些专家推测，饥饿的人类猎杀猛犸象的速度超过了它们可持续发展的速度。

然后，大约在1.2万年前，世界经历了一次被称为新仙女木期（Younger Dryas）的变暖脉冲，使全球气候从相对干燥凉爽变得更温暖潮湿。这个时期，海平面上升，淹没了之前的栖息地，迫使猛犸象随着冰川的消退跟着它们喜欢的凉爽苔原向北迁移。气候变化及人类的捕猎，对猛犸象来说可能太难承受了。这对整个生态系统来说是个坏消息。猛犸象是生态系统的工程师，它们推倒树木，保持草原的开阔；它们用粪便散播种子，并且是剑齿虎等有能力捕杀大型猎物的动物的目标。当猛犸象开始死亡，引发了无法逆转的生态涟漪。

岛屿避难所

猛犸象坚持的时间比它们在更新世的许多邻居要长得多。当恐狼和大驼等动物在大约8 000年前消失的时候，最后的长毛猛犸象在一个被称为弗兰格尔岛（Wrangel Island）的地方继续生活着。这个寒冷之地位于西伯利亚沿海的北冰洋上，距离阿拉斯加不远，是猛犸象最后的避难所。据古生物学家所知，弗兰格尔岛的长毛猛犸象在4 000年前完全消失，比大陆上的长毛猛犸象多生存了5 000年。

是什么杀死了最后的猛犸象？有人怀疑是人类，但没有发现狩猎的证据。通过研究猛犸象的遗传特征，古DNA专家发现，弗兰格尔岛上的最后一批猛犸象由于岛屿隔离带来的近亲繁殖，经历了一场基因崩溃。其中一些猛犸象甚至可能拥有与这种遗传瓶颈有关的晶莹剔透的皮毛，有害突变让它们更容易走向灭绝。世界已经完全没有空间容纳这些更新世的巨物了。

▲ 在弗兰格尔岛的河床上发现的猛犸獠牙

◀ 如今，弗兰格尔岛是俄罗斯楚科奇自治区的一部分

3 200 年前

巨 杉

时间有很多表现形式。它是手表上的数字读数、时钟的指针、日晷的影子、我们对今天和明天的概念、
看起来很古老的恐龙骨骼，还有其他许多东西。但是，很少有时间的表现形式像巨杉切片那样
引人深思而美轮美奂。

巨杉（*Sequoiadendron giganteum*）是地球上最大的树，
其拥有高耸入云的树干和尖尖的树叶，最高可达94米，宽度
超过17米。它们太大了，以至于在人们了解它们之前，一些
树就被挖空了，以便人们在沿着太平洋西北部驾车行驶时可
以直接穿过树木隧道。就像许多令人印象深刻的树木一样，
如古老的水杉和狐尾松，巨杉也需要非常长的时间生长。

世界各地的博物馆都展出着巨杉切片。这些是硕大无比
的时间切片，让站在它们前面的参观者相形见绌。许多巨杉
在展出它们的博物馆建成之前就已经是庞然大物了。例如，
在英国伦敦自然历史博物馆展出的巨杉切片的树体于1891年
被砍伐时就有1 300年历史了。

为树木定年

树木学家通过从外部到中心数出巨杉的年轮得出树龄。
被切割的树干内颜色较浅的条带来自于树木的生长期，更浅
的木质的色调来自于这一时期产生的较大细胞；它们不仅对
确定树木的年龄至关重要，还可以记录那一年季节对树木生
长的影响好坏。这对于调查气候、入侵的昆虫物种、年降雨
量和其他现象都是很有用的信息。相反，树木内更暗的条带

▲ 伦敦自然历史博物馆展出的巨杉切片直径为5米

▶ 位于美国加利福尼亚州红杉国家公园（Sequoia National Park）的
活体标本

则来自树木结束其生长季节的时间。

　　有时想知道树木的年龄很简单，数一数年轮，就是它的年龄。这对于生活在温带森林相对舒适环境中的树木来说可能可行，因为那里的温暖季节和寒冷季节之间存在着明显的差异。但是，干旱、疾病，甚至像阳光可得性这样简单的因素，都会让事情变得复杂。例如在某一年，干旱可能导致树木提前停止生长，随后在一场滋润的暴雨之后再次生长，然后在干旱条件卷土重来时又停止生长，这就导致该年出现了两个年轮而不是一个。树龄学（年轮定年）的很大一部分科学涉及学习如何准确地阅读年轮的细节，从而获得更准确的计数。

　　虽然巨杉不是所有树木中最长寿的，但它们仍然比大多数树木顽强。已知最古老的巨杉是在美国巨杉国家纪念地（Giant Sequoia National Monument）的康弗斯盆地树林（Converse Basin Grove）中被发现的，其树龄超过 3 266 年。然而，如果认为最古老的巨杉就是最大的，那就错了。和我们差不多，这些庞然大物的身材来自它们青春期的生长活力。最大的树是那些在年轻时生长得最迅速的树，随着年龄的增长，每个季节都只会增长一点。

砍掉这些巨人

　　如今，这些长寿的巨人更难找到了。当殖民者在 19 世纪从美国西部向太平洋推进时，他们被巨杉的庞大惊呆了。这种树的存在并不是常识。人们对任何能长得这么高的树感到震惊，巨杉树林很快成了旅游景点。当地的原住民，比如图利河部落（Tule River Tribe）懂得尊重树木，只在树木由于自然原因坠倒时才会取用木材，而这些新来的人则开始砍伐树木，甚至将巨大的树桩做成舞蹈地板。

　　伦敦自然历史博物馆中的巨杉切片在保存完好的木圈旁用一条时间线记录了这些变化。当给出这一记录的树被砍伐时，世界上大约70%的土地覆盖着森林。一个世纪后，世界上只有不到40%的土地覆盖着森林。被砍掉的生长物和时间的积累不可估量。我们所知的最古老的树木是那些仍然屹立的树木，但也许更古老的巨人在我们懂得欣赏它们之前就被砍掉了。

　　我们研究这些过去的遗迹来更好地了解自己。每一块历史的碎片，无论是一块杉树切片，还是一块古代石头的条带状铁，都提供了一个反思我们与这块碎片之间关系的机会。深时的每个片段都是一份邀请函，将我们自己的时刻与那个标记加以比较，这是一个仍在展开的故事的一部分，随着时间的推移变得更为深刻。

▲ 1950 年砍伐巨杉的人

▶ 先锋小屋树（Pioneer Cabin）是生长在美国加利福尼亚州的一棵巨杉，它的底部有一条隧道。照片拍摄于 1865 年，这棵树在 2017 年被一场风暴击倒

哈德良长城

哈德良长城（Hadrian's Wall）全长117.5千米，从爱尔兰海延伸到北海，横跨英格兰。这是一个随时间推移陆续建成的防御工事。它始建于罗马皇帝哈德良统治的公元122年，是英格兰最大的罗马考古结构。但这道长城不仅是数个世纪前的遗留物。在地质学的早期，它还引发了一场关于古老地球的争论。

18世纪是欧洲科学的形成期。许多如今众所周知的学科，比如古生物学和地质学，都刚刚起步。到18世纪末，专家刚开始接受灭绝的现实，像海洋蜥蜴沧龙和大地懒这样的奇怪动物的化石将刺激这样的想法形成：也许生命随着时间推移发生了重大变化。但是在这些讨论的重要性能真正沉淀下来之前，专家必须解决一个更基本的问题——地球有多古老？

《圣经》定年

17世纪，爱尔兰神学家詹姆斯·乌雪（James Ussher）发表了他对地球年龄的估计。通过《旧约》的谱系学，外加借鉴《圣经》中的其他日期，乌雪提出，整个宇宙是在公元前4004年10月23日下午6时被创造出来的，或者说比乌雪本人所在的时代早了约5 600年。英国神学家约翰·莱特福特（John Lightfoot）也提出了类似的数字，因此许多学者接受了世界一定是相对年轻的想法。对这些学者来说，除了《圣经》中记载的内容，不存在任何历史。

但是詹姆斯·赫顿的想法却不一样。这位18世纪的苏格兰博物学家仔细研究了在旅途中看到的各种裸露的岩层。许多岩石都有在海洋中形成的特征，就像斯泰诺的鲨鱼牙齿所在地层一样（详见第76页）。从海洋中沉淀出的岩石在陆地上形成，这说不通。陆地曾经是海洋则表明地球比乌雪的年代学所说要古老得多。

赫顿用几个步骤阐述了他的论点。如果现在是陆地的许多岩石，最初是作为古代海洋的一部分形成的，那么，正如赫顿所写，"我们赖以生存的土地并没有那么简单和原始"。赫顿继而提出，今天发生的各种地质过程在过去也发生过。如果这些事情是真的，那么今天的陆地最初是在海洋中形成的，后来发生了变化。

恒定的过程

赫顿提出的"均变论"是理解深时的关键之一，今天，地质学家用"将今论古"这种说法向它致敬。在更实际的情况下，这种想法意味着，我们今天可以看到的侵蚀、沉积、火山活动和其他地质力量同样活跃在过去。这是一个强有力的修辞观点，任何岩层都可以通过应用我们今天可以在

▶ 哈德良长城上的韦洛尼克姆豪塞斯特兹罗马要塞遗址

身边观察到的事物来理解。从山上的古代贝壳到侏罗纪恐龙的大型骨床，都可以通过我们仍然能观察到的过程来研究并理解。

但是赫顿面临着一场苦战。一直被认为是真实的东西不可能一夜间被推翻。赫顿需要证明地球上的地层非常古老，需要大量时间来形成、移动并到达它们现在的位置。哈德良长城构成了他的关键证据之一。

不变的墙

即使在赫顿的时代，专家也知道，哈德良长城是在大约2000年前罗马人占领这座岛的时候建造的。长城主要由石头建造，尤其是石灰石。为了使传统的《圣经》年表准确无误，这堵墙一定经历过一些真正意义上的巨大变化。毕竟，同样的时间跨度应该可以解释例如海床在陆地高处沉积的现象。但这并不是哈德良长城的地质特征所显示的。长城的石头自建造以来鲜有变化，这意味着，像侵蚀这样的过程必须在之前几乎无人能理解的时间范围内发生。

赫顿的例子之所以巧妙，部分原因在于哈德良长城的年代是已知且被接受的。即使在今天，也很难知道一个特定的岩层花了多长时间才堆积而成，各种形式的风化会以不同的速度发生——尽管都很慢。如果赫顿只是随便挑选一个岩层，批评者可能会反驳说没人能知道这种岩石的绝对年龄，也没人能知道它们的完整历史。一段石头做的长城规避了此类问题，为赫顿提出的改变世界的观点增加了一则关键证据。

从哈德良长城的沃尔敦峭壁（Walltown Crags）上眺望

术语表

Angiosperms 被子植物

在果实中产生花和种子的植物。被子植物也被称为开花植物，最早出现在至少1.25亿年前。此后，被子植物逐渐多样化，成了最多样的植物类群，有超过30万个已知物种。

Archaean Eon 太古宙

从39亿年前到25亿年前的地质时代。在太古宙，地球足够冷却，形成了最早的大陆。

Archosaur 主龙

四足动物的一个分支，包括恐龙、翼龙、鳄类和鸟类。第一批主龙出现在三叠纪早期，约2.5亿年前。

Baryon 重子

由至少3个夸克组成的亚原子粒子，比如质子或中子。

Basalt 玄武岩

一种多孔火成岩，由岩质行星与卫星表面或附近的熔岩快速冷却形成。地球上超过90%的火山岩为玄武岩。

Big Bang 大爆炸

空间和时间在理论上以一个奇点出现的时刻。通过对宇宙微波背景辐射中涨落的详细研究，人们估计大爆炸发生在137.7亿年前。

Biostratigraphy 生物地层学

根据岩层中发现的化石确定岩层的年代和相关性。

Breccia 角砾岩

由小碎片胶合在一起形成的岩石。

Cambrian Period 寒武纪

埃迪卡拉纪结束（5.41亿年前）和奥陶纪开始（4.85亿年前）之间的地质时期。寒武纪开始时，生命形式迅速多样化，被称为"寒武纪生命大爆发"。这一现象持续了1 300万年至1 500万年，在此期间，几乎所有主要的动物门都在化石记录中首次出现。

Carboniferous Period 石炭纪

泥盆纪结束（3.59亿年前）和二叠纪开始（2.99亿年前）之间的地质时期。煤层是由石炭纪中广袤的森林遗迹形成的，在这一时期，空气中的氧气含量特别高，使得陆地无脊椎动物可以长到很大。

Chemosynthesis 化能合成

细菌和其他生物利用无机化学反应释放的能量制造食物的过程。化能合成使生命能够存在于暗无天日、无法进行光合作用的地方，比如深海热液喷口附近。

Cosmic Microwave Background Radiation，简称CMBR 宇宙微波背景辐射

一种充满空间的微弱辐射。CMBR是在宇宙大爆炸后38万年发出的，也就是宇宙第一次对辐射透明的时刻。CMBR是宇宙中最古老的光。

Cretaceous Period 白垩纪

侏罗纪结束（1.45亿年前）和古近纪开始（6 600万年前）之间的地质时期。白垩纪随着白垩纪-古近纪灭绝事件而突然终止，这次灭绝事件是5次集群灭绝中的最后一次，由小行星撞击导致。这次事件灭绝了非鸟恐龙。

Dendrology 树木学

对木质化植物（树木、灌木和藤本植物）的科学研究。

Devonian Period 泥盆纪

志留纪结束（4.19亿年前）和石炭纪开始（3.59亿年前）之间的地质时期。

Dinosaur 恐龙

一个多样化的爬行动物分支，首次出现在2.43亿年前至2.33亿年前之间。所有非鸟恐龙在6600万年前的白垩纪－古近纪灭绝事件中消失了，但现代鸟类延续了恐龙的谱系。

Ediacaran Period 埃迪卡拉纪

成冰纪结束（6.35亿年前）和寒武纪开始（5.41亿年前）之间的地质时期。

Endosymbiosis 内共生

一种共生关系，一种生物生活在另一种生物内部。第一个真核细胞就是通过内共生的过程形成的，这一过程导致了线粒体和叶绿体等细胞器的形成。

Entropy 熵

物理学中对一个封闭系统的无序程度的度量。一个系统的熵越高，就意味着它越无序。热力学第二定律指出，在一个封闭系统中，熵总是随时间增加的。熵的概念最早是在研究蒸汽机时提出的，但最近它被提出来解释我们对时间之箭的看法，即从过去到未来熵会增加。

Eocene 始新世

从5600万年前持续到3400万年前的地质时代。始新世见证了许多现代哺乳动物类群的首次出现。

Eukaryote 真核生物

由具有一个细胞核的细胞构成的生物，细胞核中含有DNA。这些细胞还包含被称为线粒体的细胞器，它们会利用腺苷三磷酸分子产生化学能量。

Glacial erratic 冰川漂砾

由冰川携带的岩石。当冰川融化时，这些岩石在远离其原产地的地方沉积下来。

Gneiss 片麻岩

变质岩的一种常见形式，由火成岩或沉积岩在高温高压下形成。

Gondwana 冈瓦纳古陆

形成于约5.5亿年前的一个巨大陆块。大约3.35亿年前，冈瓦纳古陆与劳亚大陆合并，形成超级大陆泛大陆。

Gymnosperm 裸子植物

一类产生种子的植物，包括松柏类和苏铁类植物。gymnosperm的意思是"裸露的种子"，与开花植物的种子被包裹在子房内形成鲜明对比。裸子植物最早出现在大约3.19亿年前的石炭纪。

Hadean Eon 冥古宙

从4.49亿年前到3.9亿年前的地质年代。在冥古宙，地球表面大部分是由熔融的岩石构成的。

Hominin 人族

现代人所属的双足类人猿类群。人族与黑猩猩和倭黑猩猩在大约600万年前存在一个最后的共同祖先。现代人是唯一幸存的人族。

Ichthyosaurs 鱼龙

类似鱼的大型海洋爬行动物，生活在2.5亿年前到9000万年前。

Inflation 暴胀

也叫宇宙暴胀，被认为是大爆炸后10^{-36}秒到10^{-32}秒的一个时期，在此期间，宇宙的大小至少翻倍增长了85次。

Jurassic Period 侏罗纪

从三叠纪结束（2.01亿年前）到白垩纪开始（1.45亿年前）之间的地质时期。

Laurussia 劳亚大陆

一个北方陆块，在3.35亿年前和冈瓦纳古陆合并，形成泛大陆。

Light year 光年

光在一年内穿过真空的距离。相当于9.46万亿千米。

Megafauna 巨型动物群

一个定义宽松的术语，适用于那些体重超过45千克的大型动物。更新世巨型动物群常指大型哺乳动物，比如猛犸象、乳齿象和大地懒，它们在晚更新世就灭绝了。

Meteorite 陨石

从太空落到地球上的岩石。大多数陨石是破碎的小行星的碎片，但它们也可能来自行星、彗星或月球。

Microfossil 微化石

微生物（如细菌、原生生物和真菌）的微小残骸。

Neanderthal 尼安德特人

一个已灭绝的人类物种，大约4万年前一直生活在欧亚大陆。尼安德特人曾与现代人交配，尼安德特人的DNA在所有非非洲人群中都有发现。

Neutrino 中微子

一种没有电荷、质量非常小的亚原子粒子。中微子是宇宙中最丰富的粒子，但很难被探测到，因为它们与其他物质几乎不发生相互作用。

Ordovician Period 奥陶纪

寒武纪结束（4.85亿年前）和志留纪开始（4.44亿年前）之间的地质时期。5次集群灭绝中的第1次集群灭绝发生在奥陶纪末期。

Ornithischian 鸟臀类

一个主要由植食恐龙组成的分支。虽然这个名字的意思是"鸟一样的臀部的"，但鸟臀类与现代鸟类只有远亲关系，后者属于兽脚类。

Orogeny 造山运动

地壳在聚合板块边缘的结构变形，导致山脉的形成。

Paleobotany 古植物学

对植物化石的科学研究。

Paleoproterozoic Era 古元古代

25亿年前到16亿年前的地质时代。在这个时代中，光合作用明显增加，使大气氧化。这个时代还出现了第一批真核细胞。

Paleozoic Era 古生代

5.41亿年前到2.52亿年前的地质时代。以寒武纪生命大爆发为开始，这是地球上的地质和生物发生巨大变化的时代。

Pangaea 泛大陆

一个以赤道为中心的超级大陆，包括地球上的大部分陆块。泛大陆在3.35亿年前形成，1.75亿年前开始解体。

Permian Period 二叠纪

石炭纪结束（2.99亿年前）和三叠纪开始（2.52亿年前）之间的地质时期。二叠纪以地球历史上最大的集群灭绝事件告终。

Phagocytosis 吞噬作用

一个细胞通过完全包围另一个细胞来消化它的过程。

Plasma 等离子体

一种由带电离子组成的物质状态。气体通过增加能量变成等离子体，将带负电的电子与带正电的原子核分离。宇宙中超过99%的可见物质是以等离子体的形式存在的，主要包含在恒星中。

Plate tectonics 板块构造

描述构成地壳的板块运动的科学理论。该理论解释了大陆是如何在地质时期中发生变化的。

Pleistocene 更新世

从260万年前到1.17万年前的地质时代。地球最近的冰期就发生在更新世。

Precambrian 前寒武纪

一个非正式的地质时间单位，从地球形成时（46亿年前）一直到寒武纪开始（5.41亿年前）。

Prokaryotes 原核生物

细胞中没有细胞核或细胞器的单细胞生物。原核生物分为两个域，分别是细菌域和古菌域。

Pseudosuchian 假鳄类

主龙的一个分支，包括现存的鳄类和它们的亲属祖先。

Radiometric dating 放射性定年

根据岩石的放射性成分（比如铀或钾-40）的半衰期计算岩石年龄的方法。岩石的年龄是通过测量放射性元素与之衰变成的元素的比例来确定的。

Redshift 红移

电磁辐射波长的增加。当光源远离观察者时，就会观察到红移。观察到的来自遥远星系的光的红移提供了宇宙正在膨胀的第一个证据。

Selenology 月球学

对月球的科学研究。

Singularity 奇点

在物理学中，时空中的一个点，在这个点上，用来测量引力场的量变得无限大，物理规律不再奏效，空间和时间合二为一。大爆炸理论认为，宇宙开始于137.7亿年前的一个奇点。根据计算，奇点也存在于黑洞内。

Standard ruler 标准尺

一个物理尺寸已知的天文对象，可以测量它与地球之间的距离。

Stromatolite 叠层石

由多代光合作用蓝细菌经过长时间的沉淀形成的矿物化石。

Supernova 超新星

一颗恒星的爆发。超新星有两种出现方式：恒星在生命周期结束时核坍缩；或者双星系统中的一颗从其伴星吸引物质，导致爆发。

Superposition (Law of) 地层层序（律）

地质学的一个基本原则，表明在沉积岩层的层序中，最古老的岩石在底部，最年轻的岩石则在顶部，除非岩石已经变形和倾斜。该原则由丹麦地质学家尼古拉斯·斯泰诺于1669年首次提出。

Tektites 玻璃陨体

陨石撞击形成并喷出的砾石大小的天然玻璃。

Theropod 兽脚类

恐龙的一个分支，最早出现在2.31亿年前，包括霸王龙和现代鸟类。

Triassic Period 三叠纪

二叠纪结束（2.52亿年前）和侏罗纪开始（2.01亿年前）之间的地质时期。

Trilobites 三叶虫

一组非常成功的海洋节肢动物，它们的外骨骼很容易变成化石。三叶虫首次出现在5.21亿年前的化石记录中，在约2.52亿年前的二叠纪末期灭绝。

Uniformitarianism 均变论

地质学理论，认为地壳的变化是连续、统一的过程作用的结果，也就是将今论古。

Uranium-lead dating 铀-铅定年

通过测量岩石中已衰变为铅的铀的比例来确定岩石年代的方法。这种方法能以小于1%的误差定年岩石。

Zircon 锆石

在火成岩中发现的一种矿物，可用于铀-铅定年确定岩石的年代。

土耳其卡帕多西亚地区的精灵烟囱。这些不寻常的特征是由侵蚀的火山岩形成的

北爱尔兰的巨人堤道（Giant's Causeway）由4万根紧密相连的玄武岩柱组成。
它形成于6 000万年前至5 000万年前强烈的火山活动时期

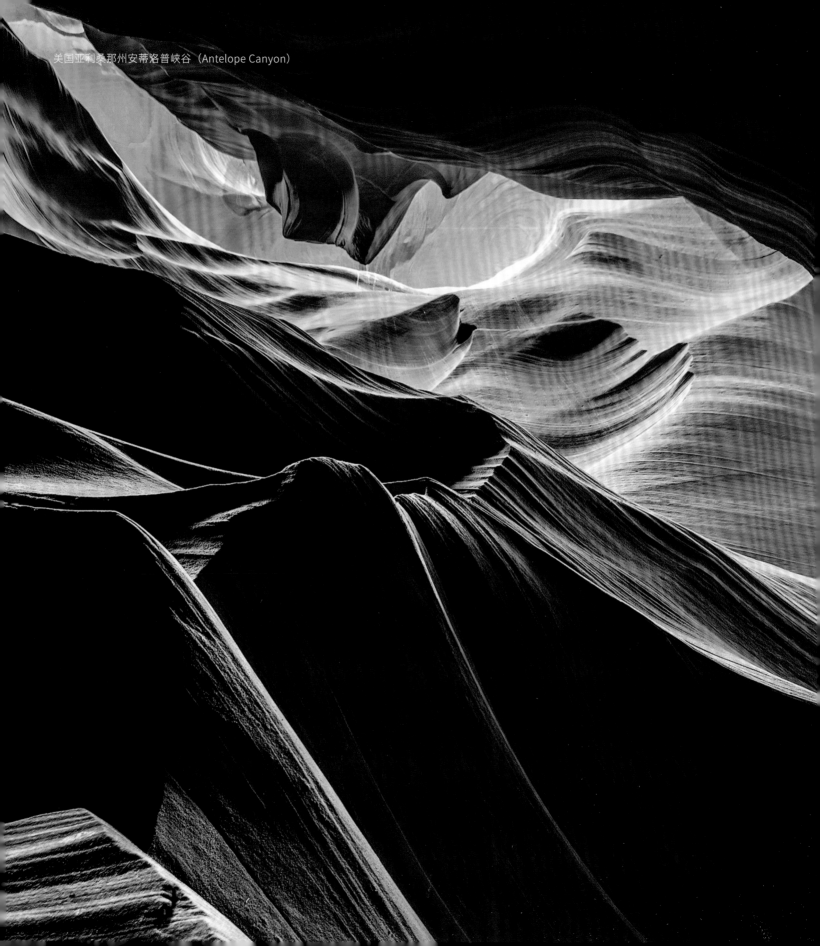

美国亚利桑那州安蒂洛普峡谷（Antelope Canyon）

图片权利

感谢以下来源对本书图片的授权。